乡村振兴知识百问系列丛书

# 乡村振兴战略·
# 生态宜居篇

河南农业大学　组编

王宜伦　主编

U0256257

中国农业出版社
北　京

# 发挥高等农业院校优势 助力乡村振兴战略
## （代序）

实施乡村振兴战略是党的十九大作出的重大决策部署，是决胜全面建成小康社会、全面建设社会主义现代化国家的重大历史任务。服务乡村振兴战略既是高等农业院校的本质属性使然，是自身办学特色和优势、学科布局的必然，也是时代赋予高等农业院校的历史使命和职责所在。面对这一伟大历史任务，河南农业大学充分发挥自身优势，助力乡村振兴战略，自觉担负起历史使命与责任，2017年11月30日率先成立河南农业大学乡村振兴研究院，探索以大学为依托的乡村振兴新模式，全方位为乡村振兴提供智力支撑和科技支持。

河南农业大学乡村振兴研究院以习近平新时代中国特色社会主义思想为指导，立足河南，面向全国，充分发挥学校科技、教育、人才、平台等综合优势，紧抓这一新时代农业农村发展新机遇，助力乡村振兴，破解"三农"瓶颈问题，促进农业发展、农村繁荣、农民增收。发挥人才培养优势，为乡村振兴战略提供智力支持；发挥科学研究优势，为乡村振兴战略提供科技支撑；发挥社会服务优势，为乡村振兴战略提供服务保障；发挥文化传承与创新优势，为乡村振兴战略提供精神动力。

成为服务乡村振兴战略的新型高端智库、现代农业产业技术创新和推广服务的综合平台、现代农业科技和管理人才的教育培训基地。

为助力乡村振兴战略尽快顺利实施，河南农业大学乡村振兴研究院组织相关行业一线专家，编写了"乡村振兴知识百问系列丛书"，该丛书围绕实施乡村振兴战略的总要求"产业兴旺、生态宜居、乡风文明、治理有效、生活富裕"，分《乡村振兴战略·种植业兴旺》《乡村振兴战略·蔬菜业兴旺》《乡村振兴战略·林果业兴旺》《乡村振兴战略·畜牧业兴旺》《乡村振兴战略·生态宜居篇》《乡村振兴战略·乡风文明和治理有效篇》和《乡村振兴战略·生活富裕篇》7个分册出版，融知识性、资料性和实用性于一体，旨在为相关部门和农业工作者在实施乡村振兴战略中提供思路借鉴和技术服务。

作为以农为优势特色的河南农业大学，必将发挥高等农业院校优势，助力乡村全面振兴，为全面实现"农业强、农村美、农民富"发挥重要作用、做出更大贡献。

河南农业大学乡村振兴研究院

2018 年 10 月 10 日

# 前 | 言
QIAN YAN

　　实施乡村振兴战略是党的十九大作出的重大决策部署，是决胜全面建成小康社会、全面建设社会主义现代化国家的重大历史任务。乡村振兴，生态宜居是关键，良好生态环境是农村最大优势和宝贵财富。必须尊重自然、顺应自然、保护自然，推进乡村绿色发展，打造人与自然和谐共生发展新格局。

　　本书围绕乡村土地利用、乡村乡景营造、资源高效利用与生态环境保护等四个部分进行相关知识介绍。通过农村土地政策和制度解读，对农用地保护、土地整治、土地利用规划和土地管理等问题进行讲述，这是乡村宜居发展的基础。生态宜居乡村要求、乡村空间规划布局、乡村建筑类型、设计原则和建筑材料选取，乡村人文景观、聚落景观、园景观林、庭院景观以及农业景观，乡村公共空间及公共基础设施营造等介绍可为宜居乡村建设提供参考。乡村秸秆、畜禽粪尿、化肥等农业资源的综合和高效利用是乡村可持续发展的重要环节，大力发展沼气，推广以沼气为纽带的生态农业模式是高效利用农业资源、保护生态环境的重要措施。合理处理乡村生活垃圾、全面防控大气污染、水体污染、土壤污染和农业面源污染，预防农业气象灾害，是保护生态环境、创建优美宜居家园的根本需要。

乡村振兴是国家的重大战略，目标明确，内涵丰富，任务重大。大家对乡村振兴见仁见智，理解和认识会不断提高和完善。本书编者为相关领域青年学者，对乡村振兴有激情，乐意为之工作并贡献自己的微薄之力。全书共分四个部分，第一部分乡村土地利用由冯新伟编写；第二部分乡居乡景营造由穆博编写；第三部分资源高效利用由王宜伦和丁丽编写；第四部分生态环境保护由任丽和王文亮编写。本书只是我们目前的认识总结，加之时间匆忙，难免存在遗漏或表述欠妥之处，敬请读者不吝指教。我们相信，在党中央领导下，经过大家共同努力，乡村振兴战略必将使乡村全面振兴，全面实现农业强、农村美、农民富。

编　者

2018 年 9 月

# 目 | 录
MU LU

# 一、 乡村土地利用

## 1. 党的十九大对农村土地制度有哪些基本安排？

巩固和完善农村基本经营制度，深化农村土地制度改革，完善承包地"三权"分置制度。保持土地承包关系稳定并长久不变，第二轮土地承包到期后再延长三十年。深化农村集体产权制度改革，保障农民财产权益，壮大集体经济。确保国家粮食安全，把中国人的饭碗牢牢端在自己手中。构建现代农业产业体系、生产体系、经营体系，完善农业支持保护制度，发展多种形式适度规模经营。

## 2. 农村集体所有土地包括哪些？

《中华人民共和国宪法》第十条：城市的土地属于国家所有。农村和城市郊区的土地，除由法律规定属于国家所有的以外，属于集体所有；宅基地和自留地、自留山，也属于集体所有。

《中华人民共和国土地管理法》第八条：城市市区的土地属于国家所有。农村和城市郊区的土地，除由法律规定属于国家所有的以外，属于农民集体所有；宅基地和自留地、自留山，属于农民集体所有。

## 3. 农村集体土地使用有何制度规定？

《中华人民共和国土地管理法》第九条：国有土地和农民集

体所有的土地，可以依法确定给单位或者个人使用。使用土地的单位和个人，有保护、管理和合理利用土地的义务。

《中华人民共和国土地管理法》第十条：农民集体所有的土地依法属于村农民集体所有的，由村集体经济组织或者村民委员会经营、管理；已经分别属于村内两个以上农村集体经济组织的农民集体所有的，由村内各该农村集体经济组织或者村民小组经营、管理；已经属于乡（镇）农民集体所有的，由乡（镇）农村集体经济组织经营、管理。

《中华人民共和国土地管理法》第十一条：农民集体所有的土地，由县级人民政府登记造册，核发证书，确认所有权。

《中华人民共和国土地管理法》第十四条：农民集体所有的土地由本集体经济组织的成员承包经营，从事种植业、林业、畜牧业、渔业生产。土地承包经营期限为三十年。发包方和承包方应当订立承包合同，约定双方的权利和义务。承包经营土地的农民有保护和按照承包合同约定的用途合理利用土地的义务。农民的土地承包经营权受法律保护。在土地承包经营期限内，对个别承包经营者之间承包的土地进行适当调整的，必须经村民会议三分之二以上成员或者三分之二以上村民代表的同意，并报乡（镇）人民政府和县级人民政府农业行政主管部门批准。

《中华人民共和国土地管理法》第十五条：农民集体所有的土地，可以由本集体经济组织以外的单位或者个人承包经营，从事种植业、林业、畜牧业、渔业生产。发包方和承包方应当订立承包合同，约定双方的权利和义务。土地承包经营的期限由承包合同约定。承包经营土地的单位和个人，有保护和按照承包合同约定的用途合理利用土地的义务。农民集体所有的土地由本集体经济组织以外的单位或者个人承包经营的，必须经村民会议三分之二以上成员或者三分之二以上村民代表的同意，并报乡（镇）人民政府批准。

# 4. 乡村土地利用如何支持生态宜居？

　　土地是生态系统的重要组成部分，土地利用影响生态系统的景观多样性、土地质量、生物多样性、水文特征和大气环境等。土地也是各项宜居要素的基本载体，承载各种居住房屋、附属建筑物、基础设施与公共设施、农业生产、园林绿化、地表水等。乡村土地利用支持生态宜居主要体现在以下六个方面。

　　（1）开展自然资源（含土地资源）统一确权登记，为乡村资源评价、规划、高效利用和生态效益提升提供基础数据支撑。

　　（2）通过"三权分置"放活土地经营权，促进土地流转是深化农村土地制度改革和发展多种形式适度规模经营的主要抓手，是培育乡村田园综合体的重要基础条件。

　　（3）加强农用地保护，严格保护耕地，扩大轮作休耕试点，健全耕地草原森林河流湖泊休养生息制度，不断提高农用地生态效益，为乡村居住生活提供良好的生态大环境。

　　（4）通过土地整治，更好地建设农村景观，提升耕地质量，增强土地服务净化空气、气候调节、蓄水能力、水土保持、农业观光旅游等方面的能力。

　　（5）按照"望得见山、看得见水、记得住乡愁"的要求，遵循"山水林田湖是一个生命共同体"的重要理念，通过村土地规划合理安排农村经济发展、耕地保护、村庄建设、环境整治、生态保护、文化传承、基础设施建设与社会事业发展等各项用地，强化对自然保护区、人文历史景观、地质遗迹、水源涵养地等的保护，加强生态环境的修复和治理，促进人与自然和谐发展。

　　（6）通过依法盘活集体经营性建设用地、空闲农房及宅基地等途径，多渠道筹措资金用于农村人居环境整治，可以营造清洁有序、健康宜居的生产生活环境。城乡建设用地增减挂钩所获土地增值收益，应按相关规定用于支持农业农村发展和改善农民生活条件。村庄整治增加耕地获得的占补平衡指标收益，应通过支出预算统筹安排支持当地农村人居环境整治。

# 5. 什么是自然资源统一确权登记？

为清晰界定全部国土空间各类自然资源资产的产权主体，划清全民所有和集体所有之间的边界，划清全民所有、不同层级政府行使所有权的边界，划清不同集体所有者的边界，推进确权登记法治化，推动建立归属清晰、权责明确、监管有效的自然资源资产产权制度，支撑自然资源有效监管和严格保护，国家开展自然资源统一确权登记。

自然资源统一确权登记是指对水流、森林、山岭、草原、荒地、滩涂以及探明储量的矿产资源等自然资源的所有权统一进行确权登记，界定全部国土空间各类自然资源资产的所有权主体，划清全民所有和集体所有之间的边界，划清全民所有、不同层级政府行使所有权的边界，划清不同集体所有者的边界。

自然资源统一确权登记的主要内容有：自然资源的坐落、空间范围、面积、类型以及数量、质量等自然状况；自然资源所有权主体、代表行使主体以及代表行使的权利内容等权属状况；自然资源用途管制、生态保护红线、公共管制及特殊保护要求等限制情况；其他相关事项。

自然资源统一确权登记，要坚持自然资源社会主义公有制，坚持物权法定，按照法律规定，确定自然资源的物权种类和内容，开展统一确权登记；坚持统筹兼顾，在现有自然资源管理体制和格局的基础上，为相关改革预留空间，做好衔接，逐步划清全民所有、不同层级政府行使所有权的边界；坚持以不动产登记为基础，构建自然资源统一确权登记制度体系，实现自然资源统一确权登记与不动产登记的有机融合；坚持社会主义市场经济改革方向，正确处理政府与市场的关系，使市场在资源配置中起决定性作用，更好发挥政府作用。

## 6. 什么是农村土地"三权分置"?

2016年10月30日，中共中央办公厅、国务院办公厅印发《关于完善农村土地所有权承包权经营权分置办法的意见》指出：为进一步健全农村土地产权制度，推动新型工业化、信息化、城镇化、农业现代化同步发展，完善农村土地所有权、承包权、经营权分置（简称"三权分置"）。

改革开放之初，在农村实行家庭联产承包责任制，将土地所有权和承包经营权分设，所有权归集体，承包经营权归农户，极大地调动了亿万名农民的积极性，有效解决了温饱问题，农村改革取得重大成果。

现阶段深化农村土地制度改革，顺应农民保留土地承包权、流转土地经营权的意愿，将土地承包经营权分为承包权和经营权，实行所有权、承包权、经营权分置并行，着力推进农业现代化，是继家庭联产承包责任制后农村改革又一重大制度创新。

"三权分置"是农村基本经营制度的自我完善，符合生产关系适应生产力发展的客观规律，展现了农村基本经营制度的持久活力，有利于明晰土地产权关系，更好地维护农民集体、承包农户、经营主体的权益；有利于促进土地资源合理利用，构建新型农业经营体系，发展多种形式适度规模经营，提高土地产出率、劳动生产率和资源利用率，推动现代农业发展。

## 7. 农村土地"三权分置"的基本要求和推进措施有哪些?

（1）农村土地"三权分置"的基本要求　完善承包地"三权分置"办法，不断探索农村土地集体所有制的有效实现形式，落实集体所有权，稳定农户承包权，放活土地经营权，充分发挥"三权"的各自功能和整体效用，形成层次分明、结构合理、平等保护的格局。

① 始终坚持农村土地集体所有权的根本地位。农村土地农民集体所有，是农村基本经营制度的根本，必须得到充分体现和保障，不能虚置。土地集体所有权人对集体土地依法享有占有、使用、收益和处分的权利。农民集体是土地集体所有权的权利主体，在完善"三权分置"办法过程中，要充分维护农民集体对承包地发包、调整、监督、收回等各项权能，发挥土地集体所有的优势和作用。农民集体有权依法发包集体土地，任何组织和个人不得非法干预；有权因自然灾害严重毁损等特殊情形依法调整承包地；有权对承包农户和经营主体使用承包地进行监督，并采取措施防止和纠正长期抛荒、毁损土地、非法改变土地用途等行为。承包农户转让土地承包权的，应在本集体经济组织内进行，并经农民集体同意；流转土地经营权的，须向农民集体书面备案。集体土地被征收的，农民集体有权就征地补偿安置方案等提出意见并依法获得补偿。通过建立健全集体经济组织民主议事机制，切实保障集体成员的知情权、决策权、监督权，确保农民集体有效行使集体土地所有权，防止少数人私相授受、谋取私利。

② 严格保护农户承包权。农户享有土地承包权是农村基本经营制度的基础，要稳定现有土地承包关系并保持长久不变。土地承包权人对承包土地依法享有占有、使用和收益的权利。农村集体土地由作为本集体经济组织成员的农民家庭承包，不论经营权如何流转，集体土地承包权都属于农民家庭。任何组织和个人都不能取代农民家庭的土地承包地位，都不能非法剥夺和限制农户的土地承包权。在完善"三权分置"办法过程中，要充分维护承包农户使用、流转、抵押、退出承包地等各项权能。承包农户有权占有、使用承包地，依法依规建设必要的农业生产、附属、配套设施，自主组织生产经营和处置产品并获得收益；有权通过

转让、互换、出租（转包）、入股或其他方式流转承包地并获得收益，任何组织和个人不得强迫或限制其流转土地；有权依法依规就承包土地经营权设定抵押、自愿有偿退出承包地，具备条件的可以因保护承包地获得相关补贴。承包土地被征收的，承包农户有权依法获得相应补偿，符合条件的有权获得社会保障费用等。不得违法调整农户承包地，不得以退出土地承包权作为农民进城落户的条件。

③ 加快放活土地经营权。赋予经营主体更有保障的土地经营权，是完善农村基本经营制度的关键。土地经营权人对流转土地依法享有在一定期限内占有、耕作并取得相应收益的权利。在依法保护集体所有权和农户承包权的前提下，平等保护经营主体依流转合同取得的土地经营权，保障其有稳定的经营预期。在完善"三权分置"办法过程中，要依法维护经营主体从事农业生产所需的各项权利，使土地资源得到更有效合理的利用。经营主体有权使用流转土地自主从事农业生产经营并获得相应收益，经承包农户同意，可依法依规改良土壤、提升地力，建设农业生产、附属、配套设施，并依照流转合同约定获得合理补偿；有权在流转合同到期后按照同等条件优先续租承包土地。经营主体再流转土地经营权或依法依规设定抵押，须经承包农户或其委托代理人书面同意，并向农民集体书面备案。流转土地被征收的，地上附着物及青苗补偿费应按照流转合同约定确定其归属。承包农户流转出土地经营权的，不应妨碍经营主体行使合法权利。加强对土地经营权的保护，引导土地经营权流向种田能手和新型经营主体。支持新型经营主体提升地力、改善农业生产条件、依法依规开展土地经营权抵押融资。鼓励采用土地股份合作、土地托管、代耕代种等多种经营方式，探索更多放活土地经营权的有效途径。

④ 逐步完善"三权"关系。农村土地集体所有权是土地承包权的前提，农户享有承包经营权是集体所有的具体实现形式，

在土地流转中，农户承包经营权派生出土地经营权。支持在实践中积极探索农民集体依法依规行使集体所有权、监督承包农户和经营主体规范利用土地等的具体方式。鼓励在理论上深入研究农民集体和承包农户在承包土地上、承包农户和经营主体在土地流转中的权利边界及相互权利关系等问题。通过实践探索和理论创新，逐步完善"三权"关系，为实施"三权分置"提供有力支撑。

**（2）农村土地"三权分置"的推进措施**

① 扎实做好农村土地确权登记颁证工作。确认"三权"权利主体，明确权利归属，稳定土地承包关系，才能确保"三权分置"得以确立和稳步实施。要坚持和完善土地用途管制制度，在集体土地所有权确权登记颁证工作基本完成的基础上，进一步完善相关政策，及时提供确权登记成果，切实保护好农民的集体土地权益。加快推进农村承包地确权登记颁证，形成承包合同网签管理系统，健全承包合同取得权利、登记记载权利、证书证明权利的确权登记制度。提倡通过流转合同鉴证、交易鉴证等多种方式对土地经营权予以确认，促进土地经营权功能更好实现。

② 建立健全土地流转规范管理制度。规范土地经营权流转交易，因地制宜加强农村产权交易市场建设，逐步实现涉农县（市、区、旗）全覆盖。健全市场运行规范，提高服务水平，为流转双方提供信息发布、产权交易、法律咨询、权益评估、抵押融资等服务。加强流转合同管理，引导流转双方使用合同示范文本。完善工商资本租赁农地监管和风险防范机制，严格准入门槛，确保土地经营权规范有序流转，更好地与城镇化进程和农村劳动力转移规模相适应，与农业科技进步和生产手段改进程度相适应，与农业社会化服务水平相适应。加强农村土地承包经营纠纷调解仲裁体系建设，完善基层农村土地承包调解机制，妥善化解土地承包经营纠纷，有效维护各权利主体的合法权益。

③ 构建新型经营主体政策扶持体系。完善新型经营主体财政、信贷保险、用地、项目扶持等政策。积极创建示范家庭农

场、农民专业合作社示范社、农业产业化示范基地、农业示范服务组织，加快培育新型经营主体。引导新型经营主体与承包农户建立紧密利益联结机制，带动普通农户分享农业规模经营收益。支持新型经营主体相互融合，鼓励家庭农场、农民专业合作社、农业产业化龙头企业等联合与合作，依法组建行业组织或联盟。依托现代农业人才支撑计划，健全新型职业农民培育制度。

④完善"三权分置"法律法规。积极开展土地承包权有偿退出、土地经营权抵押贷款、土地经营权入股农业产业化经营等试点，总结形成可推广、可复制的做法和经验，在此基础上完善法律制度。加快农村土地承包法等相关法律修订完善工作。认真研究农村集体经济组织、家庭农场发展等相关法律问题。研究健全农村土地经营权流转、抵押贷款和农村土地承包权退出等方面的具体办法。

# 8. 宅基地使用权有何制度规定？

**(1)《中华人民共和国土地管理法》**

第六十二条　农村村民一户只能拥有一处宅基地，其宅基地的面积不得超过省、自治区、直辖市规定的标准。

农村村民建住宅，应当符合乡（镇）土地利用总体规划，并尽量使用原有的宅基地和村内空闲地。

农村村民住宅用地，经乡（镇）人民政府审核，由县级人民政府批准；其中，涉及占用农用地的，依照本法第四十四条的规定办理审批手续。

农村村民出卖、出租住房后，再申请宅基地的，不予批准。

**(2)《中华人民共和国物权法》**

第一百五十二条　宅基地使用权人依法对集体所有的土地享有占有和使用的权利，有权依法利用该土地建造住宅及其附属设施。

第一百五十三条　宅基地使用权的取得、行使和转让，适用土地管理法等法律和国家有关规定。

第一百五十四条　宅基地因自然灾害等原因灭失的，宅基地使用权消灭。对失去宅基地的村民，应当重新分配宅基地。

第一百五十五条　已经登记的宅基地使用权转让或者消灭的，应当及时办理变更登记或者注销登记。

**（3）2018 中央 1 号文件**　深化农村土地制度改革。逐步扩大宅基地制度改革试点。扎实推进房地一体的农村集体建设用地和宅基地使用权确权登记颁证。完善农民闲置宅基地和闲置农房政策，探索宅基地所有权、资格权、使用权"三权分置"，落实宅基地集体所有权，保障宅基地农户资格权和农民房屋财产权，适度放活宅基地和农民房屋使用权，不得违规违法买卖宅基地，严格实行土地用途管制，严格禁止下乡利用农村宅基地建设别墅大院和私人会馆。

# **9.** 农用地有何生态功能？

农用地是指直接用于农用生产的土地，包括耕地、园地、林地、草地及其他农用地。生态功能，是指生态系统在维持生命的物质循环和能量转换过程中，为人类提供的惠益。

**（1）耕地的生态功能**　耕地指种植农作物的土地，包括熟地，新开发、复垦、整理地，休闲地（含轮歇地、轮作地）；以种植农作物（含蔬菜）为主，间有零星果树、桑树或其他树木的土地。人类利用耕地的首要目的是运用耕地系统的生物生产功能提供人类生活必需的粮食和其他生物产品；其次，耕地又提供了一种新的生物生存环境，形成耕地生态系统特有的生物种群结构；另外，耕地还具有改变空气中物质成分构成、净化环境中的有害物质、涵养水源等功能。

**（2）园地的生态功能**　园地是指种植以采集果、叶、根、茎、枝等为主的集约经营的多年生木本和草本植物，覆盖度大于50%或每亩株数大于合理株数70%的土地，包括用于育苗的土地。园地主要为人类提供食用、药用、工业用产品等，另外木本植物具有一定的林地生态功能，草本植物具有一定的草地生态功能。

**（3）林地的生态功能** 林地指生长乔木、竹类、灌木的土地，及沿海生长红树林的土地，包括迹地。沿海防护林、三北防护林、农田防护林等可以提供生态屏障；水土保持林能够截留降水，减弱水流对土壤的冲刷，既能吸水又能固定土壤、涵养水源；森林可以吸收二氧化碳，减少地表蒸发，减缓温室效应，增加空气湿度，阻挡、过滤和吸附灰尘，净化空气；一定面积的森林、树木还能有效改善城市景观，为人们提供活动空间。

**（4）草地的生态功能** 草地指生长草本植物为主的土地。草地生态系统可以产出人类生活必需的肉、奶、毛、皮等畜牧业产品，也可以生产食用、药用、工业用、环境用植物资源；草地具有气候调节、土壤碳固定、水资源调节、侵蚀控制、空气质量调节、废弃物降解、营养物质循环等服务功能。

**（5）其他农用地的生态功能** 其他农用地主要指除了耕地、园地、林地、草地以外的农用地，主要包括设施农用地、农村道路、坑塘水面、养殖水面、农田水利用地、田坎等。其中涉及的水域类用地具有保护生物、降解污染和净化水质等功能。

# *10.* 农用地保护制度有哪些？

**（1）农用地转用审批制度**

《中华人民共和国土地管理法》第四条：国家实行土地用途管制制度。国家编制土地利用总体规划，规定土地用途，将土地分为农用地、建设用地和未利用地。严格限制农用地转为建设用地，控制建设用地总量，对耕地实行特殊保护。

《中华人民共和国土地管理法》第四十四条：建设占用土地，涉及农用地转为建设用地的，应当办理农用地转用审批手续。省、自治区、直辖市人民政府批准的道路、管线工程和大型基础设施建设项目、国务院批准的建设项目占用土地，涉及农用地转为建设用地的，由国务院批准。在土地利用总体规划确定的城市和村庄、集镇建设用地规模范围内，为实施该规划而将农用地转为建设用地的，按土地利用年度计划分批次由原批准土地利用总体规划的机关批准。在已批准的农用地转用范围内，具体建设项目用地可以由市、县人民政府批准。本条第二款、第三款规定以外的建设项目占用土地，涉及农用地转为建设用地的，由省、自治区、直辖市人民政府批准。

**（2）占用耕地补偿制度**

《中华人民共和国土地管理法》第三十一条：国家保护耕地，严格控制耕地转为非耕地。国家实行占用耕地补偿制度。非农业建设经批准占用耕地的，按照"占多少，垦多少"的原则，由占用耕地的单位负责开垦与所占用耕地的数量和质量相当的耕地；没有条件开垦或者开垦的耕地不符合要求的，应当按照省、自治区、直辖市的规定缴纳耕地开垦费，专款用于开垦新的耕地。

**（3）基本农田保护制度**

《中华人民共和国土地管理法》第三十四条：国家实行基本农田保护制度。下列耕地应当根据土地利用总体规划划入基本农田保护区，实施严格管理：（一）经国务院有关主管部门或者县级以上地方人民政府批准确定的粮、棉、油生产基地内的耕地；（二）有良好的水利与水土保持设施的耕地，正在实施改造计划以及可以改造的中、低产田；（三）蔬菜生产基地；（四）农业科研、教学试验田；（五）国务院规定应当划入基本农田保护区的其他耕地。各省、自治区、直辖市划定的基本农田应当占本行政区域内耕地的百分之八十以上。

《中华人民共和国土地管理法》第三十六条：非农业建设必

须节约使用土地，可以利用荒地的，不得占用耕地；可以利用劣地的，不得占用好地。禁止占用耕地建窑、建坟或者擅自在耕地上建房、挖砂、采石、采矿、取土等。禁止占用基本农田发展林果业和挖塘养鱼。

《中华人民共和国土地管理法》第三十七条：禁止任何单位和个人闲置、荒芜耕地。已经办理审批手续的非农业建设占用耕地，一年内不用而又可以耕种并收获的，应当由原耕种该幅耕地的集体或者个人恢复耕种，也可以由用地单位组织耕种；一年以上未动工建设的，应当按照省、自治区、直辖市的规定缴纳闲置费；连续两年未使用的，经原批准机关批准，由县级以上人民政府无偿收回用地单位的土地使用权；该幅土地原为农民集体所有的，应当交由原农村集体经济组织恢复耕种。

《中华人民共和国土地管理法》第三十八条：国家鼓励单位和个人按照土地利用总体规划，在保护和改善生态环境、防止水土流失和土地荒漠化的前提下，开发未利用的土地；适宜开发为农用地的，应当优先开发成农用地。

《中华人民共和国土地管理法》第三十九条：开垦未利用的土地，必须经过科学论证和评估，在土地利用总体规划划定的可开垦的区域内，经依法批准后进行。禁止毁坏森林、草原开垦耕地，禁止围湖造田和侵占江河滩地。根据土地利用总体规划，对破坏生态环境开垦、围垦的土地，有计划有步骤地退耕还林、还牧、还湖。

**（4）环境影响评价制度**

《中华人民共和国环境保护法》第十九条：编制有关开发利用规划，建设对环境有影响的项目，应当依法进行环境影响评价。未依法进行环境影响评价的开发利用规划，不得组织实施；未依法进行环境影响评价的建设项目，不得开工建设。

《中华人民共和国环境影响评价法》第七条：国务院有关部门、设区的市级以上地方人民政府及其有关部门，对其组织编制的土地利用的有关规划，区域、流域、海域的建设、开发利用规划，应当在规划编制过程中组织进行环境影响评价，编写该规划有关环境影响的篇章或者说明。规划有关环境影响的篇章或者说明，应当对规划实施后可能造成的环境影响作出分析、预测和评估，提出预防或者减轻不良环境影响的对策和措施，作为规划草案的组成部分一并报送规划审批机关。未编写有关环境影响的篇章或者说明的规划草案，审批机关不予审批。

**（5）农业环境保护制度**

《中华人民共和国环境保护法》第三十三条：各级人民政府应当加强对农业环境的保护，促进农业环境保护新技术的使用，加强对农业污染源的监测预警，统筹有关部门采取措施，防治土壤污染和土地沙化、盐渍化、贫瘠化、石漠化、地面沉降以及防治植被破坏、水土流失、水体富营养化、水源枯竭、种源灭绝等生态失调现象，推广植物病虫害的综合防治。县级、乡级人民政府应当提高农村环境保护公共服务水平，推动农村环境综合整治。

**（6）森林保护制度**

《中华人民共和国森林法》第八条：国家对森林资源实行以下保护性措施：（一）对森林实行限额采伐，鼓励植树造林、封山育林，扩大森林覆盖面积；（二）根据国家和地方人民政府有关规定，对集体和个人造林、育林给予经济扶持或者长期贷款；（三）提倡木材综合利用和节约使用木材，鼓励开发、利用木材代用品；（四）征收育林费，专门用于造林育林；（五）煤炭、造纸等部门，按照煤炭和木浆纸张等产品的产量提取一定数额的资金，专门用于营造坑木、造纸等用材林；（六）建立林业基金制度。

**（7）草原保护制度**

《中华人民共和国草原法》第四十二条：国家实行基本草原保护制度。下列草原应当划为基本草原，实施严格管理：（一）重要放牧场；（二）割草地；（三）用于畜牧业生产的人工草地、退耕还草地以及改良草地、草种基地；（四）对调节气候、涵养水源、保持水土、防风固沙具有特殊作用的草原；（五）作为国家重点保护野生动植物生存环境的草原；（六）草原科研、教学试验基地；（七）国务院规定应当划为基本草原的其他草原。

《中华人民共和国草原法》第四十六条：禁止开垦草原。对水土流失严重、有沙化趋势、需要改善生态环境的已垦草原，应当有计划、有步骤地退耕还草；已造成沙化、盐碱化、石漠化的，应当限期治理。

《中华人民共和国草原法》第四十七条：对严重退化、沙化、盐碱化、石漠化的草原和生态脆弱区的草原，实行禁牧、休牧制度。

《中华人民共和国草原法》第四十八条：国家支持依法实行退耕还草和禁牧、休牧。具体办法由国务院或者省、自治区、直辖市人民政府制定。对在国务院批准规划范围内实施退耕还草的农牧民，按照国家规定给予粮食、现金、草种费补助。退耕还草完成后，由县级以上人民政府草原行政主管部门核实登记，依法履行土地用途变更手续，发放草原权属证书。

《中华人民共和国草原法》第四十九条：禁止在荒漠、半荒漠和严重退化、沙化、盐碱化、石漠化、水土流失的草原以及生态脆弱区的草原上采挖植物和从事破坏草原植被的其他活动。

《中华人民共和国草原法》第五十条：在草原上从事采土、采砂、采石等作业活动，应当报县级人民政府草原行政主管部门批准；开采矿产资源的，也应当依法办理有关手续。

**（8）水资源保护制度**

《中华人民共和国水法》第三十三条：国家建立饮用水水源保护区制度。省、自治区、直辖市人民政府应当划定饮用水水源保护区，并采取措施，防止水源枯竭和水体污染，保证城乡居民饮用水安全。

《中华人民共和国水法》第三十四条：禁止在饮用水水源保护区内设置排污口。在江河、湖泊新建、改建或者扩大排污口，应当经过有管辖权的水行政主管部门或者流域管理机构同意，由环境保护行政主管部门负责对该建设项目的环境影响报告书进行审批。

《中华人民共和国水法》第三十五条：从事工程建设，占用农业灌溉水源、灌排工程设施，或者对原有灌溉用水、供水水源有不利影响的，建设单位应当采取相应的补救措施；造成损失的，依法给予补偿。

《中华人民共和国水法》第三十六条：在地下水超采地区，县级以上地方人民政府应当采取措施，严格控制开采地下水。在地下水严重超采地区，经省、自治区、直辖市人民政府批准，可以划定地下水禁止开采或者限制开采区。在沿海地区开采地下水，应当经过科学论证，并采取措施，防止地面沉降和海水入侵。

《中华人民共和国水法》第三十七条：禁止在江河、湖泊、水库、运河、渠道内弃置、堆放阻碍行洪的物体和种植阻碍行洪的林木及高秆作物。禁止在河道管理范围内建设妨碍行洪的建筑物、构筑物以及从事影响河势稳定、危害河岸堤防安全和其他妨碍河道行洪的活动。

《中华人民共和国水法》第三十八条：在河道管理范围内建设桥梁、码头和其他拦河、跨河、临河建筑物、构筑物，铺设跨河管道、电缆，应当符合国家规定的防洪标准和其他有关的技术要求，工程建设方案应当依照防洪法的有关规定报经有关水行政主管部门审查同意。因建设前款工程设施，需要扩建、改建、拆除或者损坏原有水工程设施的，建设单位应当负担扩建、改建的费用和损失补偿。但是，原有工程设施属于违法工程的除外。

《中华人民共和国水法》第三十九条：国家实行河道采砂许可制度。河道采砂许可制度实施办法，由国务院规定。在河道管理范围内采沙，影响河势稳定或者危及堤防安全的，有关县级以上人民政府水行政主管部门应当划定禁采区和规定禁采期，并予以公告。

《中华人民共和国水法》第四十条：禁止围湖造地。已经围垦的，应当按照国家规定的防洪标准有计划地退地还湖。禁止围垦河道。确需围垦的，应当经过科学论证，经省、自治区、直辖市人民政府水行政主管部门或者国务院水行政主管部门同意后，报本级人民政府批准。

## *11.* 国家对耕地轮作休耕有哪些要求？

探索实行耕地轮作休耕制度试点，是党中央、国务院着眼于我国农业发展突出矛盾和国内外粮食市场供求变化作出的战略安排，目的是促进耕地休养生息和农业可持续发展。

开展耕地轮作休耕制度试点，是加快生态文明建设的重要任务。过去，为增产量保供给吃饭，耕地超强度开发、水资源过度消耗、化肥农药过量使用，农业生态环境严重透支。当前，急须改变粗放的生产方式，把农业资源利用过高的强度降下来，把农业面源污染加重的趋势缓下来，改变资源超强度利用的现状、扭转农业生态系统恶化的势头，实现资源永续利用。

开展耕地轮作休耕制度试点，是实施乡村振兴战略的重要内容。探索生态严重退化地区的有效治理方式，使污染的耕地逐步得到治理，使退化的生态逐步得到改善，让水变清、山变绿、地变肥，美化农业农村生态环境，助力生态宜居。

**（1）休耕** 休耕不是让土地荒芜，而是让其休养生息，用地养地相结合来提升和巩固粮食生产力。休耕期间同样要注意耕地管理与保护，防止水土流失等土壤破坏现象。休耕制度，既可以让过于紧张、疲惫的耕地休养生息，让生态得到治理修复；也可以通过改良土壤相应出现的问题，增强农业发展后劲，实现真正的藏粮于地。重点在地下水漏斗区、重金属污染区和生态严重退化地区开展休耕试点。

① 地下水漏斗区。连续多年实施季节性休耕，实行"一季休耕、一季雨养"，将需抽水灌溉的冬小麦休耕，只种植雨热同季的春玉米、马铃薯和耐旱耐瘠薄的杂粮杂豆，减少地下水用量。

② 重金属污染区。在建立防护隔离带、阻控污染源的同时，采取施用石灰、翻耕、种植绿肥等农艺措施，以及生物移除、土壤重金属钝化等措施，修复治理污染耕地。连续多年实施休耕，休耕期间，优先种植生物量高、吸收积累作用强的植物，不改变耕地性质。经检验达标前，严禁种植食用农产品。

③ 生态严重退化地区。技术路径：调整种植结构，改种防风固沙、涵养水分、保护耕作层的植物，同时减少农事活动，促进生态环境改善。在西南石漠化区，选择25°以下坡耕地和瘠薄地的两季作物区，连续休耕3年。在西北生态严重退化地区，选择干旱缺水、土壤沙化、盐渍化严重的一季作物区，连续休耕3年。

**（2）轮作** 在同一田块上有顺序地在季节间和年度间轮换种植不同作物或麦后留茬播种玉米复种组合的种植方式。如一年一熟的大豆→小麦→玉米三年轮作，这是在年度间进行的单一作物的轮作；在一年多熟条件下既有年度间的轮作，也有年内季节间的换茬，如南方的绿肥—水稻—水稻→油菜—水稻→小麦—水稻—水稻轮作，这种轮作有不同的复种方式组成，因此，也称为复种轮作。

轮作试点主要在东北冷凉区、北方农牧交错区，推广"一主四辅"种植模式。"一主"：实行玉米与大豆轮作，发挥大豆根瘤固氮养地作用，提高土壤肥力，增加优质食用大豆供给。"四辅"：实行玉米与马铃薯等薯类轮作，改变重迎茬，减轻土传病虫害，改善土壤物理和养分结构；实行籽粒玉米与青贮玉米、苜蓿、草木樨、黑麦草、饲用油菜等饲草作物轮作，以养带种、以种促养，满足草食畜牧业发展需要；实行玉米与谷子、高粱、燕麦、红小豆等耐旱耐瘠薄的杂粮杂豆轮作，减少灌溉用水，满足多元化消费需求；实行玉米与花生、向日葵、油用牡丹等油料作物轮作，增加食用植物油供给。

**（3）轮作休耕补助** 为了保证参与耕地轮作休耕制度试点的农民不吃亏、有积极性，轮作休耕补助政策不断完善，补助标准实现两个平衡。第一个平衡，注重作物之间收益的平衡，根据不同作物种植收益的变化，合理测算轮作补助标准，让农民改种以后有账算，不吃亏。第二个平衡，注重区域间收入平衡，综合考虑不同区域间经济发展水平、农民收入等因素，合理测算休耕补助标准，每亩\*补助 500～800 元。

补助对象做到两个精准。第一个精准，任务精准落实到户，与每一个试点户签订 3 年的轮作休耕协议，明确相关权利、责任和义务，特别是休耕地要做到休而不退、休而不废。第二个精准，补助资金精准发放到户，明确补助对象是实际生产经营者，而不是土地承包者，防止出现争议和纠纷。试点省要因地制宜采取直接发放现金或者是折粮实物补助的方式，落实到县乡，兑现到农户，并将轮作休耕补助与玉米大豆生产者补贴等政策相衔接。

# *12.* 支持农村扶贫开发的土地政策有哪些？

根据第二次全国土地调查及最新年度变更调查成果，调整完善土地利用总体规划。新增建设用地计划指标优先保障扶贫开发用地需要，专项安排国家扶贫开发工作重点县年度新增建设用地计划指标。中央和省级在安排土地整治工程和项目、分配下达高标准基本农田建设计划和补助资金时，要向贫困地区倾斜。在连片特困地区和国家扶贫开发工作重点县开展易地扶贫搬迁，允许将城乡建设用地增减挂钩指标在省域范围内使用。在有条件的贫

---

\* 亩为非法定计量单位，1 亩≈667 米²。余同——编者注。

困地区，优先安排国土资源管理制度改革试点，支持开展历史遗留工矿废弃地复垦利用、城镇低效用地再开发和低丘缓坡荒滩等未利用地开发利用试点。

# 13. 支持设施农业发展的土地政策有哪些？

设施农用地是指直接用于经营性养殖的畜禽舍、工厂化作物栽培或水产养殖的生产设施用地及其相应附属设施用地，农村宅基地以外的晾晒场等农业设施用地。包括生产设施用地、附属设施用地以及配套设施用地。

生产设施用地是指在设施农业项目区域内，直接用于农产品生产的设施用地。包括工厂化作物栽培中有钢架结构的玻璃或 PC 板连栋温室用地等；规模化养殖畜禽舍（含场区内通道）、畜禽有机物处置等生产设施及绿化隔离带用地；水产养殖池塘、工厂化养殖池和进排水渠道等水产养殖的生产设施用地；育种育苗场所、简易的生产看护房（单层，小于 15 米$^2$）用地等。

附属设施用地是指直接用于设施农业项目的辅助生产的设施用地。包括设施农业生产中必须配套的检验检疫监测、动植物病虫害防控等技术设施以及必要的管理用房用地；设施农业生产中必须配套的畜禽养殖粪便、污水等废弃物收集、存储、处理等环保设施用地，生物质（有机）肥料生产设施用地；设施农业生产中所必需的设备、原料、农产品临时存储、分拣包装场所用地，符合农村道路规定的场内道路等用地。

配套设施用地是指由农业专业大户、家庭农场、农民合作社、农业企业等，从事规模化粮食生产所需的配套设施用地。包括晾晒场、粮食烘干设施、粮食和农资临时存放场所、大型农机具临时存放场所等用地。

对于农业生产过程中所需各类生产设施和附属设施用地，以及由于农业规模经营必须兴建的配套设施，包括蔬菜种植、烟草种植和茶园、橡胶园等农作物种植园的看护类管理房用地（单层、占地小于 15 米²），临时性烤烟、炒茶、果蔬预冷、葡萄晾干等农产品晾晒、临时存储、分拣包装等初加工设施用地（原则上占地不得超过 400 米²），在不占用永久基本农田的前提下，纳入设施农用地管理，实行县级备案。

严禁随意扩大设施农用地范围，以下用地必须依法依规按建设用地进行管理：经营性粮食存储、加工和农机农资存放、维修场所；以农业为依托的休闲观光度假场所、各类庄园、酒庄、农家乐；以及各类农业园区中涉及建设永久性餐饮、住宿、会议、大型停车场、工厂化农产品加工、展销等用地。

**（1）设施农业用地按农用地管理** 生产设施、附属设施和配套设施用地直接用于或者服务于农业生产，其性质属于农用地，按农用地管理，不需办理农用地转用审批手续。生产结束后，经营者应按相关规定进行土地复垦，占用耕地的应复垦为耕地。

非农建设占用设施农用地的，应依法办理农用地转用审批手续，农业设施兴建之前为耕地的，非农建设单位还应依法履行耕地占补平衡义务。

**（2）合理控制附属设施和配套设施用地规模** 进行工厂化作物栽培的，附属设施用地规模原则上控制在项目用地规模 5% 以内，但最多不超过 10 亩；规模化畜禽养殖的附属设施用地规模原则上控制在项目用地规模 7% 以内（其中，规模化养牛、养羊的附属设施用地规模比例控制在 10% 以内），但最多不超过 15 亩；水产养殖的附属设施用地规模原则上控制在项目用地规模 7% 以内，但最多不超过 10 亩。

根据规模化粮食生产需要合理确定配套设施用地规模。南方从事规模化粮食生产种植面积 500 亩、北方 1 000 亩以内的，配套设施用地控制在 3 亩以内；超过上述种植面积规模的，配套设施用地可适当扩大，但最多不得超过 10 亩。

**(3) 引导设施建设合理选址** 各地要依据农业发展规划和土地利用总体规划，在保护耕地、合理利用土地的前提下，积极引导设施农业和规模化粮食生产发展。设施建设应尽量利用荒山荒坡、滩涂等未利用地和低效闲置的土地，不占或少占耕地。确需占用耕地的，应尽量占用劣质耕地，避免滥占优质耕地，同时通过耕作层土壤剥离利用等工程技术等措施，尽量减少对耕作层的破坏。

对于平原地区从事规模化粮食生产涉及的配套设施建设，选址确实难以安排在其他地类上、无法避开基本农田的，经县级国土资源主管部门会同农业部门组织论证确需占用的，可占用基本农田。占用基本农田的，必须按数量相等、质量相当的原则和有关要求予以补划。各类畜禽养殖、水产养殖、工厂化作物栽培等设施建设禁止占用基本农田。

**(4) 鼓励集中兴建公用设施** 县级农业部门、国土资源主管部门应从本地实际出发，因地制宜引导和鼓励农业专业大户、家庭农场、农民合作社、农业企业在设施农业和规模化粮食生产发展过程中，相互联合或者与农村集体经济组织共同兴建粮食仓储烘干、晾晒场、农机库棚等设施，提高农业设施使用效率，促进土地节约集约利用。

# 14. 引导乡村旅游规范发展的土地政策有哪些？

在符合土地利用总体规划、县域乡村建设规划、乡和村庄规划、风景名胜区规划等相关规划的前提下，农村集体经济组织可以依法使用建设用地自办或以土地使用权入股、联营等方式与其他单位和个人共同举办住宿、餐饮、停车场等旅游接待服务企业。依据各省、自治区、直辖市制定的管理办法，城镇和乡村居民可以利用自有住宅或者其他条件依法从事旅游经营。农村集体经济组织以外的单位和个人，可依法通过承包经营流转的方式，使用农民集体所有的农用地、未利用地，从事与旅游相关的种植业、林业、畜牧业和渔业生产。支持通过开展城乡建设用地增减挂钩试点，优化农村建设用地布局，建设旅游设施。

围绕农业增效和农民增收，因地制宜保护耕地，允许在不破坏耕作层的前提下，对农业生产结构进行优化调整，仍按耕地管理。鼓励农业生产和村庄建设等用地复合利用，发展休闲农业、乡村旅游、农业教育、农业科普、农事体验等产业，拓展土地使用功能，提高土地节约集约利用水平。在充分保障农民宅基地用益物权、防止外部资本侵占控制的前提下，探索农村集体经济组织以出租、合作等方式盘活利用空闲农房及宅基地，按照规划要求和用地标准，改造建设民宿民俗、创意办公、休闲农业、乡村旅游等农业农村体验活动场所。

## 15. 支持田园综合体建设的土地政策有哪些？

田园综合体是以农民合作社为主要载体、让农民充分参与和收益，集循环农业、创意农业、农事体验于一体的综合发展模式。田园综合体是在城乡一体格局下，顺应农业供给侧结构改革、新型产业发展，结合农村产权制度改革，实现中国乡村现代化、新型城镇化、社会经济全面发展的一种可持续性模式。田园综合体可划分为八大功能区：一是农业生产区，主要从事种植养殖的生产活动，具有调节田园综合体微型气候、增加休闲空间的作用；二是农业景观区，是以农村田园景观、农业生产活动和特色农产品为休闲吸引物，开发不同特色的主题观光活动的区域；

三是农业产业园，主要从事种植养殖生产，及农产品加工、推介、销售，农产品研发等，形成完整的产业链；四是生活居住区，是田园综合体迈向新型城镇化结构的重要支撑，农民在田园综合体平台上参与农业生产劳动、休闲项目经营，承担相应的分工，又生活于其中，不搬迁异地居住；五是农业科普教育及农事体验区，设置现代农业博物馆、现代农业示范区、传统农业体验区、动植物园、环境自然教育公园、市民农场、创意农业展示区等；六是乡镇休闲及乡村度假区，满足客源各种需求，使城乡居民能够更深入地体验乡村风情活动，享受休闲创意农业带来的生活乐趣；七是产城一体服务配套区，是田园综合体必须具备的配套支撑功能区，为综合体各项功能和组织运行提供服务和保障的功能区域；八是衍生产业区，可以在关注农业基础、关注农民利益的基础上，发展衍生特色产业，延伸产业链，打造多元产业融合。

支持田园综合体建设的土地政策主要有：

（1）在实行最严格的耕地保护制度的前提下，对农民就业增收带动作用大、发展前景好的休闲农业项目用地，各地要将其列入土地利用总体规划和年度计划优先安排。支持农民发展农家乐，闲置宅基地整理结余的建设用地可用于休闲农业。鼓励利用村内的集体建设用地发展休闲农业，支持有条件的农村开展城乡建设用地增减挂钩试点，发展休闲农业。鼓励利用"四荒"（荒山、荒沟、荒丘、荒滩）地发展休闲农业，对中西部少数民族地区和集中连片特困地区利用"四荒地"发展休闲农业，其建设用地指标给予倾斜。加快制定乡村居民利用自有住宅或者其他条件依法从事旅游经营的管理办法。

（2）银行业金融机构要积极采取多种信贷模式和服务方式，拓宽抵押担保物范围，在符合条件的地区稳妥开展承包土地的经营权、集体林权等农村产权抵押贷款业务，加大对休闲农业的信贷支持。

（3）加强农村产业融合发展与城乡规划、土地利用总体规划有效衔接，完善县域产业空间布局和功能定位。通过农村闲置宅基地整理、土地整治等新增的耕地和建设用地，优先用于农村产业融合发展。创建农业产业化示范基地和现代农业示范区，完善配套服务体系，形成农产品集散中心、物流配送中心和展销中心。

（4）优化农村市场环境，鼓励各类社会资本投向农业农村，发展适合企业化经营的现代种养业，利用农村"四荒"（荒山、荒沟、荒丘、荒滩）地资源发展多种经营，开展农业环境治理、农田水利建设和生态修复。国家相关扶持政策对各类社会资本投资项目同等对待。对社会资本投资建设连片面积达到一定规模的高标准农田、生态公益林等，允许在符合土地管理法律法规和土地利用总体规划、依法办理建设用地审批手续、坚持节约集约用地的前提下，利用一定比例的土地开展观光和休闲度假旅游、加工流通等经营活动。

（5）探索制订发布本行政区域内农用地基准地价，为农户土地入股或流转提供参考依据。以土地、林地为基础的各种形式合作，凡是享受财政投入或政策支持的承包经营者均应成为股东。探索形成以农户承包土地经营权入股的股份合作社、股份合作制企业利润分配机制，切实保障土地经营权入股部分的收益。

# 16. 什么是土地整治？

国家实行土地整治制度，对低效利用和不合理利用的土地进行整理，对生产建设破坏和自然灾害损毁的土地进行复垦，对未利用土地进行开发，提高土地利用率和产出率。是各类土地整理、复垦、开发以及城乡建设用地增减挂钩等活动的统称。

**（1）土地整理** 采取平整土地、归并地块，建设灌溉、排水、道路、农田防护与生态环境保持等措施，通过综合整治农用地及其间的零星建设用地和未利用地等，提高耕地质量和增加有效耕地面积，提高农田集中连片程度，促进农田适度规模经营，改善农业生产条件和生态环境的活动。

**（2）土地复垦** 采取工程、生物等措施，对在生产建设过程中因挖损、塌陷、压占、污染或自然灾害损毁（包括地震、洪灾、滑坡崩塌、泥石流、风沙）等原因造成破坏、废弃的土地进行综合整治，使其恢复到可利用状态，增加农用地和耕地面积的活动。

**（3）土地开发** 在保护和改善生态环境的前提下，以水土资源相匹配为原则，采取工程、生物等措施，科学合理开发利用宜农未利用地，增加农用地和耕地面积的活动。

**（4）农村建设用地整理** 按照统筹城乡发展和村庄规划建设要求，采取工程技术、土地产权调整等措施，对农村居民点及农村所属特殊用地、工矿用地等进行拆迁、重建、更新、合并，优化农村建设用地布局，促进农村建设用地集约利用，完善农村基础设施和公共服务设施，改善农村生产生活条件和增加有效耕地面积的活动。

**（5）高标准农田建设** 以建设高标准农田为目标，依据土地利用总体规划和土地整治规划，在农村土地整治重点区域及重大工程建设区域、基本农田保护区、基本农田整备区等开展的土地整治活动。实现"田成方、林成网、路相通、渠相连、土肥沃、水畅流、旱能灌、涝能排、渍能降"的标准化格局。

# *17.* 土地整治在生态宜居中有何作用？

**（1）优化用地格局，夯实乡村振兴的产业发展基础** 保障乡村产业发展用地，提升农业产业链、价值链，激发乡村内生发展动力。扎实开展土地权属调整，提高农业生产土地产出率、资源利用率、劳动生产率和科技贡献率。

**（2）促进人地和谐，筑牢乡村振兴的生态人文根基** 土地整治要注重保护自然环境和修复受损生态，注意保留当地传统农耕文化和民俗文化特色。将绿色、生态理念贯穿于规划、设计、施工、验收、管护的全部流程和环节，打造特色田园风光。

**(3) 创新实施方式，提升乡村振兴的治理能力**　土地整治需要真正树立农民在土地整治中的主体地位，引导和鼓励农民全程参与整治。按照"乡镇主导—村级实施—农民主体—部门指导"模式推进土地整治，创新组织实施方式。

**(4) 用活用好政策，拓展乡村振兴的增收渠道**　土地整治要加强总体设计，拓宽农民增收渠道，项目实施及其整治后的土地利用及其收益向当地农民倾斜。搭建区域间土地资源优化配置平台与区域间有偿帮扶机制，带动或推动贫困地区加快脱贫。

# *18.* 土地整治工程有哪些内容？

土地整治工程分为土地平整工程、灌溉与排水工程、田间道路工程、农田防护与生态环境保持工程、农田输配电工程。

土地平整工程包括耕作田块平整工程、梯田修筑工程、耕作层地力保持工程。土地平整工程应尽量以耕作田块或地块为基本单元，填挖宜在同一平整单元内进行达到保水、保土、保肥，并与灌溉与排水、田间道路、农田防护与生态、环境保护工程建设相结合，使田块规整、便于耕作，形成高标准的条田、梯田、格田等。梯田修筑工程主要包括梯田布置与选型、梯田平整度、梯田埂坎、相邻梯田田块的高差、耕作层厚度、梯田的灌溉等。耕作层地力保持工程主要包括表土保护、客土回填、土方挖填平衡、土壤改良等。

灌溉与排水工程分为水源工程、输水工程、喷微灌工程、排水工程、渠系建筑物工程、泵站工程。水源工程一般指塘堰、小型拦河坝（闸）、蓄水池、水窖等蓄水工程，以及引提水工程和机井工程。输水工程包括明渠、低压管道、地面移动软管等。喷微灌工程包括在水源紧缺、地形起伏较大、灌水频繁或经济作物地区设置喷灌，在水资源相对缺乏种植粮食的区域、经济条件较好区域或种植经济作物区域设置微灌。排水工程包括明沟排水、暗管排水、竖井排水。渠系建筑物工程包括水闸、渡槽、涵洞、农桥、倒虹吸、跌水与陡坡、量水设施等。泵站工程包括灌溉泵站、排水泵站和灌排结合泵站。

田间道路工程分为田间道路工程、生产路工程。田间道路包括田间道和生产路，其中田间道按主要功能和使用特点分为田间主道和田间次道。生产路主要指通行小型农机具的道路。

农田防护与生态环境保持工程分为农田林网工程、岸坡防护工程、沟道治理工程、坡面防护工程。农田林网适宜于平原地区，农田防护（防风）林带应以乔木为主，风沙区农田防护（防风）林带以乔木、灌木结合为宜。岸坡防护工程以旧堤改造、堤防加固为主。沟道治理工程包括谷坊、沟头防护工程、拦沙坝等。坡面防护工程包括截水沟、排洪沟、蓄水池、沉沙池等。

农田输配电工程分为输电工程、配电工程。输电工程主要考虑输电线路高压与低压、线路架设、地埋线等。配电工程主要包括变压器负荷、变压器容量、变压器低压侧电压等。农田输配电工程应与灌溉与排水系统、农田其他用电系统相结合进行布设。

# 19. 什么是城乡建设用地增减挂钩？

依据土地利用总体规划，将若干拟整理复垦为耕地的农村建设用地地块（即拆旧地块）和拟用于城镇建设的地块（即建新地块）等面积共同组成建新拆旧项目区，通过建新拆旧和土地整理复垦等措施，在保证项目区内各类土地面积平衡的基础上，最终实现增加耕地有效面积，提高耕地质量，节约集约利用建设用地，城乡用地布局更合理的目标。

根据土地利用总体规划、城乡规划并和新农村及各项建设规划相衔接，积极主动、严格规范地开展增减挂钩试点，是有效推进"三农"发展和城镇化的现实可靠的载体和抓手；是落实中央以城带乡、以工促农方针，统筹城乡发展的重要平台；是引导资源和项目向农村流动，加快社会主义新农村建设的重要途径；是在保障工业化、城镇化、新农村发展中，优化城乡建设用地布局、推进节约集约用地、促进科学发展的重大举措；是严格保护耕地和提高耕地质量、促进耕地集约经营和发展现代农业的有效手段；是坚持家庭承包政策为基础，促进农民分工就业和增加收入的政策创新。

增减挂钩拆旧腾出的农村建设用地，首先要复垦为耕地，并尽可能与周边耕地集中连片，实施水、路、林配套建设，确保复垦的耕地不低于建新占用的耕地数量质量，有条件的，应积极建设高标准基本农田。规划为建设用地的，要优先保证农民旧房改造、新居建设、环境建设、农村基础设施和公共服务配套设施建设以及农村非农产业发展用地。项目建新地块建设用地必须严格控制在批准下达的增减挂钩指标规模内。

根据中央 1 号文件规定，改进耕地占补平衡管理办法，建立高标准农田建设等新增耕地指标和城乡建设用地增减挂钩节余指标跨省域调剂机制，将所得收益通过支出预算全部用于巩固脱贫攻坚成果和支持实施乡村振兴战略。

## *20.* 如何通过土地规划管理土地？

**(1) 通过土地用途分区进行管理** 乡（镇）级土地利用总体规划将规划区内的土地划分为特定的区域，即土地用途分区，主要包括基本农田保护区、一般农地区、林业用地区、牧业用地区、城镇建设用地区、村镇建设用地区、独立工矿区、风景旅游用地区、生态环境安全控制区、自然与文化遗产保护区、其他用地区等，作为规划期内土地使用的依据。

① 基本农田保护区。区内土地主要用作基本农田和直接为基本农田服务的农村道路、农田水利、农田防护林及其他农业设施;区内现有非农建设用地和其他零星农用地应当复垦或调整为基本农田,规划期间确实不能复垦或调整的,可保留现状用途,但不得扩大面积;区内耕地在不破坏耕作层的前提下,可调整为其他农用地,并依照相同管制规则进行保护和管理;不得破坏、污染和荒芜区内土地;严禁占用区内土地进行非农建设(油井、高压线塔基、地下管线等除外)。

② 一般农地区。区内土地主要用作耕地、园地、畜禽水产养殖地和直接为农业生产服务的农村道路、农田水利、农田防护林及其他农业设施;区内现有非农建设用地和其他零星农用地应当复垦或调整为一般农地,规划期间确实不能复垦或调整的,可保留现状用途,但不得扩大面积;不得破坏、污染和荒芜区内土地;严禁占用区内土地进行非农建设(油井、高压线塔基、地下管线以及不宜在居民点、工矿区内配置的国家与省级基础设施建设项目除外)。

③ 林业用地区。区内土地主要用于林业生产,以及直接为林业生产和生态建设服务的营林设施;区内现有非农建设用地应当按其适宜性调整为林地或其他农用地,规划期间确实不能调整的,可保留现状用途,但不得扩大面积;区内耕地因生态建设和环境保护需要可转为林地;不得占用区内土地进行毁林开垦、采石、挖沙、取土等活动;严禁占用区内有林地、耕地进行非农建设(油井、高压线塔基、地下管线以及不宜在居民点、工矿区内配置的国家与省级基础设施建设项目除外)。

④ 牧业用地区。区内土地主要用于牧业生产,以及直接为牧业生产和生态建设服务的牧业设施;区内现有非农建设用地应按其适宜性调整为牧草地或其他农用地,规划期间确实不能调整的,可保留现状用途,但不得扩大面积;区内耕地因生态建设和环境保护需要可转为牧草地;不得占用区内土地进行开垦、采

矿、挖沙、取土等破坏草原植被的活动；严禁占用区内人工和改良草地、耕地进行非农建设（油井、高压线塔基、地下管线以及不宜在居民点、工矿区内配置的国家与省级基础设施建设项目除外）。

⑤ 城镇建设用地区。区内土地主要用于城市、建制镇建设；区内土地使用应符合城市、建制镇建设规划；区内建设应优先利用现有建设用地、闲置地和废弃地；区内农用地在批准改变用途前，应当按原用途使用，不得荒芜。

⑥ 村镇建设用地区。区内土地主要用于村庄、集镇建设；区内土地使用应符合村庄和集镇规划；区内建设应优先利用现有建设用地、闲置地和废弃地；区内农用地在批准改变用途前，应当按原用途使用，不得荒芜。

⑦ 独立工矿区。区内土地主要用于采矿业以及不宜在居民点内配置的其他工业用地；区内土地使用应符合工矿建设规划；区内因生产建设挖损、塌陷、压占的土地应及时复垦；区内建设应优先利用现有建设用地、闲置地和废弃地；区内农用地在批准改变用途前，应当按原用途使用，不得荒芜。

⑧ 风景旅游用地区。区内土地主要用于旅游、休闲及相关文化活动；区内土地使用应当符合风景旅游区规划；区内影响景观保护和游览的土地用途，应在规划期间调整为适宜的用途；允许使用区内土地进行不破坏景观资源的农业生产活动和适度的旅游设施建设；严禁占用区内土地进行破坏景观、污染环境的生产建设活动。

⑨ 生态环境安全控制区。区内土地以生态环境保护为主导用途；区内土地使用应符合经批准的相关保护规划；区内影响生态环境安全的土地，应在规划期内调整为适宜的用途；区内土地不得进行与生态环境保护无关的开发建设活动，原有的各种生产、开发活动应逐步退出。

⑩ 自然与文化遗产保护区。区内土地主要用于保护具有特

殊价值的自然和文化遗产；区内土地使用应符合经批准的保护区规划；区内影响景观保护的土地，应在规划期内调整为适宜的用途；不得占用保护区核心区的土地进行新的生产建设活动，原有的各种生产、开发活动应逐步退出。严禁占用区内土地进行破坏景观、污染环境的开发建设。

**（2）通过建设用地管制分区进行管理** 通过划定城乡建设用地规模边界、扩展边界、禁止建设边界，形成允许建设区、禁止建设区、有条件建设区、限制建设区等四类空间管制区。

① 允许建设区。区内土地主导用途为城、镇、村或工矿建设发展空间；区内新增城乡建设用地受规划指标和年度计划指标约束，应统筹增量与存量用地，促进土地节约集约利用；规划实施过程中，在允许建设区面积不改变的前提下，其空间布局形态可依程序进行调整，但不得突破建设用地扩展边界；允许建设区边界（规模边界）的调整，须报规划审批机关同级国土资源管理部门审查批准。

② 禁止建设区。区内土地的主导用途为生态与环境保护空间，严格禁止与主导功能不相符的各项建设；除法律法规另有规定外，规划期内禁止建设用地边界不得调整。

③ 有条件建设区。区内土地符合规定的，可依程序办理建设用地审批手续，同时相应核减允许建设区用地规模；土地利用总体规划确定的城乡建设用地挂钩规模提前完成，经评估确认拆旧建设用地复垦到位，存量建设用地达到集约用地要求的，区内土地可安排新增城乡建设用地增减挂钩项目；规划期内建设用地扩展边界原则上不得调整。如需调整按规划修改处理，严格论证，报规划审批机关批准。

④ 限制建设区。区内土地主导用途为农业生产空间，是开展农业生产，开展土地整理复垦开发和基本农田建设的主要区域；区内禁止城、镇、村建设，严格控制线型基础设施和独立建设项目用地。

# *21.* 什么是村土地利用规划？

村土地利用规划是依照法律规定在村域全部土地范围内，根据乡（镇）土地利用总体规划要求、经济和社会发展需要、土地供给能力及各项建设对土地的需要，确定和调整土地利用结构、用地布局的总体部署。

当前我国农村土地利用和管理面临建设布局散乱、用地粗放低效、公共设施缺乏、乡村风貌退化等问题，同时正在开展的农村土地征收、集体经营性建设用地入市、宅基地制度改革试点，推进农村一、二、三产业融合发展以及社会主义新农村建设等工作，都迫切需要编制村土地利用规划，通过细化乡（镇）土地利用总体规划安排，统筹各项土地利用活动，适应新时期农业农村发展要求。

村规划是乡（镇）土地利用总体规划的重要组成部分，是落实土地用途管制的基本依据，属于详细型和实施型规划。村规划以乡级规划为依据，在村域空间内统筹安排农村生产、生活、生态空间。

# *22.* 村土地利用规划任务有哪些？

村规划编制工作，由县级人民政府统一部署，县级国土资源主管部门会同有关部门统筹协调，乡（镇）人民政府具体组织编制，村民委员会全程参与。

编制村规划应结合地方实际，以行政村为基本单元，对一个村或数个村编制。编制范围为村域全部土地。规划期限应与乡级规划的主要节点保持一致。

根据村域自然经济社会条件和村民意愿，综合研究确定土地利用目标，统筹安排经济发展、生态保护、耕地和永久基本农田保护、村庄建设、基础设施建设和公共设施建设、环境整治、文化传承等各项用地，制定实施计划。有条件的地方可进一步推进土地整治、风貌指引、建筑设计等任务。

（1）统筹安排农村各类土地利用，优化用地结构和布局。

（2）确定村庄建设用地布局和规模，加强村庄建设的引导和管控。

（3）落实乡级规划确定的耕地和永久基本农田保护任务，明确耕地和永久基本农田保护面积与地块，加强耕地和永久基本农田保护。

（4）确定生态用地布局和规模，加强生态用地保护。

（5）保障农村公益性设施、基础设施合理用地需求。

## 23. 村土地利用规划编制工作要求和程序是什么？

村规划编制工作应按照"多规合一"的有关要求，在村域空间内形成"一张蓝图、一本规划"。规划编制过程中应充分吸收借鉴相关规划的方法，有条件的地方可组织多领域单位联合编制。已经按照"多规合一"要求编制规划的地区，如符合乡级规划和村规划要求的，可不再单独编制村规划。主要工作程序有：

① 工作准备。主要有组织和准备。组织包括建立村规划编制的决策、组织和经费保障机制。准备包括基础资料调查、补充调查形成数据基础以及收集相关工作底图。

② 现状分析。对村域人口、经济发展、社会事业、土地利用等方面开展分析，研究主要问题，明确村规划主要目标和任务。

③ 编制方案。围绕优化土地利用布局、改善农村发展条件的目标，结合分区引导管控，统筹安排村庄建设用地、农业用地

和生态用地，实施土地整治，完善保障措施。

④ 规划论证。通过座谈会、村民会议等多种形式，对规划成果（即"两图两表一规则"：土地利用现状图、土地利用规划图；土地利用规划目标表、土地利用结构调整表；土地利用规划管制规则）进行论证。

⑤ 规划报批。经村民会议三分之二以上成员或者三分之二以上村民代表同意后，按程序报批。

⑥ 规划公告。遵循公开、便民的原则，可选择在村委会、公共活动空间等区域，采取多渠道和多方式公开公示，并作为土地利用的村规民约严格执行。

## 24. 村民如何参与村土地利用规划过程？

（1）规划编制应公开、透明，切实保障村民的知情权、参与权、表达权和监督权，让村民参与到规划编制各个环节。

（2）在资料收集、确定规划目标、规划重点内容、方案比选、公告公示等阶段，应广泛听取村民意见，并协商一致。

（3）对村庄建设用地安排、土地整治、高标准农田建设、新建公共服务设施和基础设施、环境整治、移民搬迁等内容，应向村民说明主要内容，听取相关权利人意见。

（4）公众参与可采用问卷调查、座谈等形式，有条件的地方也可采取信息化手段，广泛动员村民参与，充分征求村民意愿，切实维护村民权益。

# 二、 乡居乡景营造

## 25. 什么是生态宜居乡村？

乡村是以自然风光为主要特征、农业生产为主要经济基础、人口较分散的地方。生态宜居乡村是美丽乡村建设的核心内容之一。那么，什么是生态宜居乡村？

生态宜居乡村就是以绿色生态空间为基础，通过统筹整合山、水、林、田、园等自然要素，科学规划布局人类生产生活空间、完善基础服务设施而形成的具有便捷、舒适、整洁的乡居空间和绿色生态、环境优美、乡土特色突出的人居环境。

## 26. 如何营造宜居乡村、美丽乡景？

在国家乡村振兴战略的引领下，乡村的发展和建设将走向一个新的阶段。乡村与城市的资源基底、文化积淀、空间构成、人居需求等均不同，不能一味照搬城市规划设计的理论和理念，那么，如何营造一个适宜现代人居住、满足现代人需求的乡村生活空间，如何恢复乡村自然独特的自然风光，打造美丽且具有浓郁乡村特色的景观空间，成为徘徊在我们心头的重要核心问题。

营造"宜居乡村、美丽乡景"需从乡村的一砖一瓦、一草一木开始着手，在充分调研的基础上，尊重现有的自然条件与地理环境，遵循"生态优先、保护传承、因地制宜、乡土特色、天人合一"的原则和理念，对乡村的建筑、景观、绿化、基础设施等方面进行科学规划、合理布局、特色设计、规范施工，让居民望得见山、看得见水、记得住乡愁；坚决避免千村一面、过度城市化、过度园林化、过度硬质化，确保乡村自然风貌的保护，确保乡村人文特色的传承，延续乡村历史文脉。

## 27. 乡村空间应如何规划布局？

乡村空间是乡村人居环境的主要组成部分，与乡村人居生活密切相关，不同乡村空间往往会形成浓郁的乡土特色。乡村空间的合理规划布局是实现乡村振兴的重要环节。乡村空间的规划布局应着重考虑以下几个方面：

（1）在整体空间布局上，尊重原有聚落空间肌理，根据乡村所处地域的自然山水空间格局，通过"显山露水"的规划设计策略，以自然生态为基调，以古村宅院建筑、新农村现代建筑为主要载体，进行乡村整体空间布局，使乡村空间与自然山水空间和谐共生、生态永续，展现乡村特有的地形地貌、自然山水、田园风光等。

（2）从乡土景观特色上，充分利用乡村的山水林田等自然环境要素，打造山水田园景观效果，实现"看得见山、望得见水"的愿景，挖掘地域自然人文特色和传统历史文化，营造独特的景观空间序列，演绎乡村故事，展现乡村地域文化特色，实现"记得住乡愁"的愿景。

（3）从村民行为需求上，充分考虑现代村民的生产生活方式和行为需求，科学规划布局建筑空间和其他公共空间，合理配置各项基础设施，营造洁净、优美的村容村貌，满足村民的各项生产生活和休闲娱乐的功能需求，实现真正的舒适、宜居。

## 28. 乡村建筑类型有哪些？

乡村建筑是指分布在乡村地域范围内的各种房屋及其附属构筑物，它是构成乡村聚落空间的主要组成部分，是人们在乡村居住、生活、生产的最主要的空间场所，也是展现乡村自然风貌和人文特色的重要载体。乡村建筑类型主要有居住建筑、公共建筑和生产性建筑三大类：

（1）居住建筑是村庄中数量最多的一类建筑，是乡村居民组织家庭生活和从事家庭副业生产的场所，除了具有居住生活功能之外，还具有一定的生产、商业功能。

（2）公共建筑是农村居民开展组织、宣传、教育和服务群众等公共活动的场所，包括行政管理建筑、教育福利建筑、文化科学建筑、医疗卫生建筑、商业服务建筑、公用事业设施、纪念性和旅游性建筑等。

（3）生产性建筑是个体和集体劳动者从事农、工、副业生产活动的场所，包括为发展现代化农、牧、渔业生产而建立的各种厂房设施，如育种厂房、温室、塑料大棚、畜禽舍、养殖场、种子库、粮库、果蔬贮藏库、农副产品加工厂、农机具修配厂等生产性建筑；为城市工、商、外贸等服务的加工厂，如机具修配厂、手工业工厂、城市某些工业的加工厂和轻工业工厂以及建筑材料厂等。

# 29. 乡村建筑有哪些风格和特征？

建筑作为生活空间的容器，集中反映了特定地区、特定人口、特定生产生活方式、文化习俗与价值认同等重要信息。乡村建筑是村民生活的完整物化表现，其风格取决于其所处地域的自然气候条件、地形地貌、历史人文、经济水平和人们的生活方式等因素，具有较强的地域性，体现了"环境-建筑-人"的协同关系。乡村建筑体量相对较小，密度低，建筑形式多以当地的建筑形式为主，大多会设置房前屋后的庭院，且建筑材料多以当地的石材、木材为主，房屋稀疏。

中国乡村建筑随着乡村命运的兴衰，从 20 世纪 50 年代开始，无论是建筑空间布局还是建筑外观形式，均开始大简化，仅剩"住"的功能，建筑形式大多为长方形的砖瓦房。90年代以后，随着人们生活水平的改善，乡村建筑的外观开始出现简单的瓷砖、刷漆、铝合金化、玻璃化装饰、建筑风格近城市化、小区化，且千篇一律，美感和地域特性消失殆尽，仅有部分保留下来的老房子还能隐约看出时代的痕迹。在乡村振兴的今天，人们开始重新审视乡村建筑的风格，环境融合性、历史传承性和生态宜居性再次登上历史舞台。

乡村建筑在最大程度上保留了过去传统的建筑风格，根据地域特色，中国传统建筑风格大致可分为六大派别：皖派（青瓦白墙、砖雕门楼），闽派（土楼防御），京派（对称分布、如意吉祥），苏派（山环水绕、曲径通幽）、晋派（窑洞、晋商文化）、川派（民族特色）。不同流派的建筑以其独有的历史与文化积淀书写着各自的故事。近年来，逐渐兴起的乡村民宿建筑即是以地域传统建筑风格为范本，融合建筑周围环境特色而建，体现了人们对中国传统和乡村情怀的一种寄托，在满足了当代人的居住需求的基础上，充分展现了乡村建筑应有的传统和乡土风格。

# 30. 乡村建筑设计原则有哪些？

乡村建筑不同于城市建筑，乡村建筑受其所处的自然地理环境和地域文化特色影响较大，且功能不仅限于居住，往往集生产、生活和生态于一体。因此，乡村建筑设计要遵循以下原则：

**（1）因地制宜，尊重地域环境特色** 建筑的选址和形态设计要与其周围的自然山水环境相得益彰、相互呼应、相互成景。

**（2）以人为本，合理布置建筑功能空间** 根据当地乡村居民的生产生活方式和行为习惯综合考虑，满足村民对建筑功能空间复合性、多元化和现代化的使用需求。

**（3）就地取材，经济适用，突出乡土特色** 建筑材料尽量采用本土石材、木材或其他材料，高效开发地方资源，既降低建筑投入成本，又能够突出乡土特色。建筑尺度适度、协调，切忌高楼林立。

（4）**保护与传承并存，体现地域文化特色，营造归属感** 乡村建筑有着深厚的地域文化内涵，是人与自然地理、气候、宗教礼法共同作用的结果。诸如江南的老街古巷、沿海的岛屿石屋，抑或是内蒙古的帐篷房，无不反映着当地的自然、社会和文化背景。

因此，在进行乡村建筑设计时，要充分考察和挖掘当地历史文化和人文特色，结合乡村建筑现状，采用保护和传承的更新策略，重塑传统民居特色，营造归属感。

# *31.* 乡村建筑材料如何选择？

乡村建筑材料的选择应以本土材料为主，既能充分挖掘地方资源、降低建设成本、生态低碳，又能增加乡村建筑的自然乡土特色。常见的本土材料有木材、竹制品、石材和土方等，它们大多取自于大自然，生态、低碳、环保。本土材料结合现代施工工艺进行创作，更能够体现乡村特色与现代技艺的融合。

# *32.* 乡村居住空间的营建策略有哪些？

营建策略以改善村民的生活品质和居住环境为目标，是对地方经济、社会、文化和环境的有效回应。主要有以下几个方面：

（1）**融合乡村产业发展与空间模式** 乡村产业的发展能带动生产和生活条件的改善。

（2）**延续地方文化与传统习俗** 文化习俗的延续是对乡村居民生活价值观的尊重。

（3）**适应乡村生活方式与现代居住功能** 乡村居住空间的营建不仅要考虑乡村社会变迁，还要理解生产与生活相互渗透的现实特征。在适应乡村生活方式的基础上，满足现代人对居住空间的布局、功能、形态和环境改善的时代需求。

（4）**尊重环境肌理与地方特征** 乡村环境的形成是历经漫长时间改造和适应自然地理条件的结果，特定的环境使当地建筑的形态与特征呈现出一定规律。尊重乡村环境的肌理，并从中寻找村落与环境的关系，提炼符号与元素，是进行乡村居住空间营建的基础。利用具有地方形态特征的实用性元素，完成地方空间形态到建筑风貌的传承与创新。

（5）**选择地方材料与适宜技术** 就地取材既能展现地方特色又能更好地融入乡村环境，适宜技术的选择是对传统营建技艺的承传与发展，更是对经济性、社会性和艺术价值的平衡与把控。

（6）**营造场所精神与归属感** 乡村在本质上是一种生活世界，其主体是当地的村民。乡村居住空间作为村民日常生活与交往活动的场所，是村落发育、文化沉淀、历史沿革的外在体现，也是居住功能和精神意义的集合体。在村民与场所的互动交流中，居住空间给人以"集体记忆"，使村民产生了一种心理上的认同感和归属感。

# 33. 什么是乡村景观？

乡村景观是指乡村地域范围内不同土地单元镶嵌而成的嵌块体，包括农田、果园及人工林地、农场、牧场、水域和村庄等生态系统，以农业特征为主，是人类在自然景观的基础上建立起来的自然生态结构与人为特征的综合体，具有明显田园特征的地区景观。自然与人类活动之间长期的相互作用形成了独特的乡村景观，也就决定了其是以自然景观为基础，以人文因素为主导的人类文化与自然环境相结合的景观综合体。由于各地的自然条件不同，历史文化不同，乡村景观呈现出不同的形态。这些不同的景观形态具有很高的辨识度，代表了一个地区的自然和文化特征，成为融合于大地表面的一种文化基因。

## 34. 乡村景观构成要素和类型有哪些？

乡村景观是由自然环境要素（气候、地质、地形地貌、土壤、水文和动、植物等）、人为景观要素（农村聚落和建筑、农业景观、交通道路、乡村工农业生产、农田基本建设和灌溉水利设施、乡村居民的娱乐生活设施等）和文化环境要素（道德观念、生活习惯、风土人情、生产观念、行为方式、宗教信仰和社会制度等）综合构成的，乡村景观类型可分为乡村自然景观、乡村人文景观、乡村聚落景观、乡村园林景观、乡村农业景观以及乡村公共空间、乡村民宿景观等。

## 35. 什么是乡村自然景观？

乡村自然景观指乡村中原始存在和自然形成的水系、森林、草地、湖泊、沼泽以及自然保护区等景观资源。对于乡村景观而言，自然是环境的主体，人为的干扰因素较低，景观的自然属性较强。不同的地形地貌、植被状况和水系结构形成了区域自然环境的外貌，这些不仅构成了乡村景观的本底，也对乡村景观的形态产生了重要的影响。

## 36. 乡村自然景观如何修复？

随着我国改革开放以来快速城镇化的推进，乡村自然景观遭受了较大的破坏，如何保护乡村自然景观的完整性、多样性，修复被破坏的山川、河流、植被等自然景观成为乡村可持续发展的重要内容。首先，在国家战略层面上，需要制定对乡村自然景观修复的法定文件和技术导则，约束和控制乡村空间的有序合理开发；其次，在乡村发展规划层面上，要以生态优先，保护原始自然景观，划定自然景观保护区，构建完整多样的自然景观系统；再者，在规划设计方面，要以自然为本，采用生态修复手段，修复已经被破坏的山林、水系和植被，维持自然景观过程和功能，再现乡村自然景观风貌。

比如，水系是乡村重要的生态要素，具有农业灌溉、防洪排涝和景观游憩等功能，水塘、溪流和沟渠是乡村水系中最为常见的自然景观。对乡村河流景观的修复要遵循以自然生态修复为主，结合地形及水岸线，配置乡土植物，营造乡村地带性植物群落景观，处理好水系、驳岸、植物、设施之间的关系，有效地组织乡村景观的空间序列。

# *37.* 什么是乡村人文景观？

乡村人文景观是乡村在长期的发展过程中，居民为满足一定时期的物质和精神文化需求，利用自然界所提供的素材，有意识地在自然景观基础上叠加人类创造而形成的景观，是历代劳动人民智慧的结晶，记录了人类活动的历史，具有时间和空间复合性，反映了一个地域的人类活动和历史文化特征，表达了特定乡村区域的独特精神。其显著的特点是保存了大量的非物质形态传统习俗和物质形态景观实体，与其所依存的景观环境、人类感知、景观意向，共同形成较为完整的、互相区别的乡村文化景观体系。

# *38.* 乡村人文景观如何传承？

快速城镇化和乡村的现代化发展，对乡村人文景观造成了非常大的冲击，许多历史遗留下来的、能够反映地方特殊文化的人文景观逐渐被现代化物质空间所替代，消失殆尽。在国家提倡乡村振兴、文化自信的背景下，我们应该重视对乡村人文景观的传承和塑造。

对乡村人文景观的传承重点在保护，尤其要重视保护古民居、古村落、传统习俗、风土人情等具有地域文化特征的景观要素；并通过在乡村人文景观设计中融入当地的传统建筑、思想、农耕、民俗、服饰、图腾以及生活方式等设计元素，凸显乡村景观环境中的文化背景，传承当地传统。其次，在未来乡村发展过程中，要重视对人文景观的重塑，且遵循"有机更新理论"，在继承保护的基础上，与当地居民的生活环境、精神文明建设建立联系，利用设计手法进行重新演绎。通过更新乡村肌理、空间形态、景观布局，丰富乡村的聚落空间，同时允许局部景观的更新以适应现代生活的需要，形成"古为今用、和谐美观"的景观效果。

## 39. 什么是乡村聚落景观？

所谓聚落，就是人类各种居住地的总称，由各种建筑物、构筑物、道路、绿地、水源地等要素组成。乡村聚落是指乡村人口的居住地或居住区，以及这里的建筑、道路、水体、院落和绿地等。乡村聚落以人为核心，建筑物为主体，聚落周围环境和自然资源为基础。乡村聚落景观就是由这些位于乡村区域的建筑和其他居民生活空间等物质空间要素构成的景观类型，包括街道、庭院、广场、公园、文化设施场所等一些公共空间，是村民直接紧密接触的景观，往往能给居民带来最直接的感受，也是记录了乡村历史文化、展示乡村整体特色的一类景观。

## 40. 乡村聚落景观应如何营造？

乡村聚落景观的营造应从以下几个方面进行：

（1）乡村聚落性景观的整体规划应尊重村庄肌理，在尽量不破坏村庄原始风貌的基础上，挖掘对维护村落景观塑造起主要作用的节点元素、空间肌理、景观素材等，构建特色乡村聚落景观格局。

（2）以古村宅院建筑、新农村现代建筑为主要载体，结合乡村特有的聚落格局，打造独具特色的村容村貌。

（3）保持乡村乡土特色，结合乡村山水自然环境，并考虑现代村民的居住生活方式和行为需求，对乡村聚落景观空间进行布局，营造舒适宜居的乡村聚落空间。

（4）挖掘乡村特有的历史传统文化符号，运用到乡村聚落景观要素的设计上，并有效地组织其空间序列，使乡村聚落景观得到传承和可持续发展。

（5）在原有乡村道路基本骨架之上，因地制宜规划道路，形成尺度宜人、通达性好的乡村生活空间，实现乡村景观与现代风格的有机融合。

# 41. 什么是乡村园林景观？

乡村园林以乡村景观为背景，是随着乡村发展而逐渐产生的一类新景观。广义的乡村园林景观是指非城市化地区人类聚居环境，以自然水石、地貌、花木及建筑等要素为表现手段，创造出具有乡村自然美景的园林景观空间。乡村园林景观有别于城市园林景观，城市园林景观是通过人工再现自然，而乡村园林景观则是在大自然的基础上，用艺术的手法加以精心雕琢，更为朴素地保留自然景观真迹，做到"师法自然、回归自然，虽由天作、宛自人开"的效果，从而实现自然美的升华。

# 42. 乡村园林景观如何设计营造？

乡村园林景观的设计应遵循崇尚自然、力求人与自然的高度融合，以源于大自然的绿色空间为蓝本，对乡村景观进行补充与调整、整合与恢复，以不同的设计理念创作出千变万化的乡村园林画卷。其设计营造原则主要有以下几个方面：

（1）充分尊重现有的自然条件与地理环境，综合考虑山、水、林、田、园、建筑、道路等乡村原有景观要素，以自然生态为本、乡土特色为基调，打造一个可观、可赏、可居、可感、可忆的乡村园林景观。

（2）以人为本，充分考虑乡村居民的思想观念和地方习俗，以及他们的生产、生活、心理、生理等需求，营造舒适便捷和富有归属感的乡村园林景观空间。

（3）挖掘和发展乡土文化，将乡土人文景观融入乡村园林景观创作中，运用地方传统文化符号，创造意境园林空间，延续场所文脉。

（4）借景田园风光，有效扩大乡村园林景观空间视野，融入农业体验，增加乡村园林景观空间的体验感和科普功能。

（5）坚持适地适树的原则，以乡土树种为主，注重瓜果等乡村植物的配置，表现乡村氛围和趣味。

（6）遵循景观多样性的原则，利用乡村一些景观元素，打造丰富多彩的乡村园林景观。

（7）突出地域特色，充分考虑和运用乡土元素，利用乡土植物、乡土石材、风俗故事等设计雕像和景观。

# *43.* 什么是乡村庭院景观？

乡村庭院景观是在传承传统地域庭院特色的基础上，按照当代生活需求以及乡村旅游活动开展的需要而形成的一种景观。乡村庭院古已有之，且是乡村聚落景观的一个局部空间形态，但是在人们简单追求经济增长的发展过程中，庭院空间逐渐减少，对庭院景观的塑造逐渐简陋。随着我们国家美丽乡村建设和乡村振兴的发展，人们物质生活水平的提高，乡村庭院景观再次登上历史舞台，成为人们关注的重点，也成为展示乡村景观特有的一种类型。

## *44.* 乡村庭院景观如何设计营造？

乡村庭院景观可分经济生产型、园艺观赏型和山水写意型三种类型进行设计。经济生产型可将部分农作生产搬迁到庭院之中，设置相应的景观设施，形成反映当地乡村农耕活动和农耕文化的景观效果；园艺观赏型可利用园艺观赏植物将庭院设计成家庭园艺形式，结合园艺小品种植观赏花卉，美化庭院环境；山水写意型可设计小地形并引入水源进行"堆山叠水"，营造"微自然"，营造山水写意的生活空间。

## *45.* 乡村常见园林绿化树种有哪些？

乡村园林绿化树种应根据当地的气候和环境特点进行选择，适地适树，以乡土树种为主，因为乡土树种有较强的分布区域性和对当地自然环境极强的适应性，是当地生态系统中的基调树种，且耐粗放管理、病虫害少、容易成活、长势相对较快，还具有乡土气息。如河南省广泛分布的杨、柳、榆、槐、椿等乡土树种，在当地复杂多样的气候、土壤环境中，以及简单、粗放的管理条件下，仍能充分表现出树种的生物学特性和良好的观赏效果。合欢、梧桐、旱柳、栾树、苦楝、香椿、臭椿、白蜡、国槐、楸树、五角枫、丝棉木、复叶槭等都是常见的优良的庭院绿化和行道树种。松、竹、梅、白玉兰、海棠、牡丹、桂花、蜡梅、榉树、含笑、杜鹃、茶花等都是常见的观赏性极佳的乡村庭院或公共空间园林绿化树种。白皮松、油松、玉兰、皂荚等则可独立成景。连翘、火棘、南天竹、十大功劳，桃、杏、柿、石榴等花果树也是乡村庭院的主要园林绿化树种。紫藤、扶芳藤、杠柳、爬山虎、凌霄等攀援植物可用于墙面、桥梁、廊架、棚、围墙、假山等的垂直绿化。另外，常见的还有一些乡土草本花卉，如蜀葵、千头菊、鸢尾、马蔺、太阳花、紫茉莉等；花期较长的花灌木，如月季、紫薇、木槿、丁香等；色叶树种，如紫叶李、紫叶矮樱、紫叶稠李、金枝槐、红叶臭椿、红叶杨、金叶女贞、金叶水蜡等。

# 46. 什么是乡村农业景观？

乡村农业景观是乡村景观的重要组成部分。乡村农业景观是指乡村区域以农业资源和农业生产为主要构成要素，自然环境为基底，由与农业生产过程相关的人、土地、水体、植物、道路和建筑等物质要素所构成的景观，并随人类活动、季节变化和土地的影响而改变，兼具生态、生产、经济和美学等价值。农民是农业景观的主要创造者，农业种植是农业景观的基础，农作物、林带、果园等是最重要、最具特色的造景元素，农耕文化、农业活动、田园观光等是形成该类景观的主要内容。农业景观是人类创造出来的一种特有的大地艺术景观，是自然与人工长期互动的结晶。它是人类利用自然、改造自然成功的重要标志，是人类运用劳动工具而创造出来的一种独具生命力的景观。

# 47. 乡村农业景观如何发展？

近年来，随着国家政策对乡村发展的大力支持，以及城市居民乡村旅游热的需求增加，乡村农业景观作为乡村景观的重要部分，也受到了广泛的关注，休闲农业、观光农业等农业景观的附加功能逐渐增多。乡村振兴战略的提出和实施更是乡村农业景观快速发展的催化剂。田园综合体的发展模式于 2017 年被写入中央1 号文件，文件提出"支持有条件的乡村建设以农民合作社为主要载体、让农民充分参与和受益，集循环农业、创意农业、农事体验于一体的田园综合体"，因此，未来的乡村农业景观将以田园综合体的构建模式，发展成集农业生态、农业生产、农业生活、农业旅游、农业体验等为一体的综合特色景观。田园综合体的发展，将使城与乡、农与工、生产生活生态、传统与现代相得益彰。

在农业景观营造上，根据乡村的地带性差异，分析不同农作物及岩石、植被、水面等天然肌理，表现不同的质感与纹理效果，形成独特的农田肌理；结合乡村自身农耕文化和风土人情，考虑色彩的地标性，注重本地气候及土壤特点，用色彩来展示乡村农田的特有风格；通过横向空间、纵向空间、生态序列、层次等的变化来实现农田序列的打造，配以地形、陡坎、水系等要素进行穿插排列，形成别具节奏、韵律的景观空间；以乡村果树、苗木、花卉等经济林资源为依托，结合乡村自然景观、产业，打造"果硕、林繁、花开"的丰收景象。

## 48. 什么是乡村公共空间？

乡村公共空间是乡村居民可以自由进出、组织公共活动（祭祖仪式、文艺活动）、日常交往（生活用品买卖、日常娱乐、婚丧嫁娶）和信息交流的场所，包括宗祠、祭坛、教堂等信仰类场所以及河边、院坝、田地、茶馆、水井等生产生活场地。乡村公共空间作为乡村居民日常交往的重要场所，是乡村空间的核心组成部分，它不仅提供了交往的场所，也承载着特定的地域文化，不同的空间形态体现了不同的自然环境和地理条件，而人们在空间中的生产生活方式是在长期的农耕实践中形成并沉淀下来的文化形态，是乡村精神与文化的创造与表达，通过其自身的形式和所承载的乡村社会活动的内容和方式，成为乡村地域文化的"窗口"，具有人群聚集性和活动滞留性，是人们最易识别和记忆的部分，也是乡土特色的魅力所在。

## 49. 乡村公共空间如何营造？

在现代城市化和集中社区建设的冲击下，乡村公共空间存在机械化、模块化设计、功能单一、场所文脉和记忆的缺失等问题。因此，乡村公共空间的营造应从适应现代乡村居民生活交往交流、传承乡村文化、展示乡村特色的视角，以"绿色先行、文化传承、特色塑造"为设计指导思想，通过景观序列排列组织，营造优美、个性鲜明的区域标识性景观；遵循人性化设计、协同营建、有机更新、空间复合、示范引导、经济在地原则，搭建自上而下、村民专家交流平台，以点线面相结合的设计手法，就地取材、传承创新，依据其所处的具体环境、地方文脉等因素，明确公共空间的性质定位、尺度定位、功能定位和形态定位，设置具有当地特色的景观小品、活动场地及各种休闲设施，延续地域文脉、唤醒乡土记忆，帮助村民寻回失落的家园感、归属感。

## 50. 乡村公共基础设施有哪些？

乡村公共基础设施是指为乡村生产、生活服务的各种物质和技术条件的总和，是乡村最重要的公共物品，可分为生产型基础设施、生活型基础设施和生态型基础设施三大类，具体包括道路交通、农田水利、供水供电、供热供暖、能源、雨污水处理、环境卫生、邮政物流、电信等生产和生活服务设施。乡村公共基础设施是完善和满足乡村居民基本生活需求的重要方面，是建设美丽乡居乡景的重要组成部分，是实现乡村振兴的重要抓手。

## 51. 乡村公共基础设施应如何配置？

目前，乡村公共基础设施普遍存在配套性、共享性和管理维护较差，滞后性较严重，是推进乡村振兴，实现乡村宜居亟待解决的重要问题。城市与农村公共和基础设施配套供给不均衡也是很多村民背井离乡去城市生活的重要原因。只有加强农村配套设施建设，提高农村教育、卫生、社保等公共服务水平，不断改善农村的生活条件，才能够吸引乡村居民回乡创业、居住和生活，从而把乡村建设得更好。

因此，乡村公共基础设施的配置应从乡村人居环境改善、农民满意度提高的角度出发，根据本村实际情况，科学合理构建乡村公共基础设施建设指标体系，结合乡村整体空间布局，充分利用当地资源和生态环境条件，按照公平共享、低投入高效用、生态环保的基本原则进行科学配置、建设和管理。

# 52. 什么是乡村民宿？如何营建？

在美丽乡村建设、乡村旅游和乡村振兴的带动下，一种新的业态——乡村民宿逐渐受到人们的青睐，一时之间成为乡村旅游的重要落脚点和乡村旅游发展的热点，是城市居民体验乡村生活的重要场所，同时它也是乡村建筑和景观空间的一种新类型。2015年5月，浙江德清发布了中国首部县级乡村民宿地方标准规范《乡村民宿服务质量等级划分与评定》，其将乡村民宿定义为：经营者利用乡村房屋，结合当地人文、自然景观、生态环境及乡村资源加以设计改造，倡导低碳环保、地产地销、绿色消费、乡土特色，并以旅游经营的方式，提供乡村住宿、餐饮及乡村体验的场所。

综合考虑我国乡村民宿的发展现状和存在的问题，以及人们对乡村民宿的使用需求，乡村民宿的建造首先要从整体乡村空间肌理营造的角度考虑，使民宿与当地自然环境和人文空间有机融合、和谐共生；其次，要与原有建筑特色保持统一，利用乡土材料，对民宿建筑进行有机更新；再者，要丰富民宿文化内涵和个性特征，完善乡村体验功能，实现与乡村特色产业的有机结合。

# 53. 有哪些乡居乡景营造案例可以借鉴？

**(1) 乡村建筑设计之一：杭州富阳东梓关村回迁农居** 杭州富阳东梓关村是一个非常典型的江南村落，为了改善居民的居住与生活条件，当地政府决定外迁居民，并在老村落的南侧进行回迁安置。回迁农居的设计从类型学的思考角度，抽象共性特点、还原空间原型，尝试以较少的基本单元通过组织规则，实现多样性的聚落形态。

具体做法：在整体空间设计上，从基本单元入手，将宅基地边界与院落边界整合同步考虑，在建筑基底占地面积不超过 120 米$^2$ 的前提下，确定了小开间大进深（11 米×21 米）和大开间小进深（16 米×14 米）两种不同方向性的基本单元。两个基本单元建筑基底的适度变化演变出 4 种类型，将单元通过前后错动、东西镜像形成一个带有公共院落的规模组团，若干个组团的有序生长衍生便逐步发展成有机多样的聚落总图关系，每个规模组团都有一个半公共开放空间，有助于邻里间交往及团体凝聚力和归属感的形成，与传统行列式布局相比，在土地节约性、庭院空间的层次性和私密性上都有显著提升。这种从单元生成组团，再由组团演变成村落的生长模式与传统中国古建筑的群体生成关系逻辑一致，也为未来的推广提供了较强的可操作性和可能性。

在基本单元的功能空间设置上，从农民的真实需求出发，考虑到村民们对自宅"独立性"的强烈诉求，户与户之间都完全独立，不共用同一堵墙，间距在 1.6～3.2 米。遵循当地堂屋坐北朝南、院落由南边进入的习俗，并考虑了后院中的洗衣池、电瓶车位、农具间、空调设备平台、太阳能热水器，以及堂屋中杂物间等实用功能，将使用者的生活方式和传统院落情结相结合，注重逻辑的推导分析，通过三个院落串接功能空间，并通过院落界面的不同，形成三个透明度完全不同的院落——前院开敞、内院静谧、后院私密，从而构建出一个从公共到半公共再到私密的空间序列。

在建筑外观上，将江南民居中曲线屋顶这一要素作为切入点，提取、解析，并加以抽象，使传统对坡屋顶或单坡顶重构成连续的不对称的坡屋顶，并且针对不同单元自身的形体关系塑造相匹配的屋面线条轮廓，进而使单元体量的独立性与群体屋面的连续感产生微妙的对比，形成一种若即若离的状态，构建出和而不同、多样性与统一性并存的整体关系。

在建筑色彩上，深灰色的压顶与大面积白色实墙形成了强烈的白与灰、线与面的构图关系。

在建筑材料和施工工艺上，回归到建造的本质，注重建造过程与完成形式之间的逻辑关系，探索工业化模式与传统形式元素之间的关系。选择了砖混结构形式、保温刚性屋面楼板、保温防水外墙以及双层中空玻璃，用白涂料、灰面砖以及仿木纹金属等商品化成熟材料代替木头、夯土、石头等传统材料；在墙体的构造方面，以 24 厘米厚的砖以不同的砌筑方式形成不同通透度的花格砖墙，对应于楼梯间、设备平台、围墙以及开启扇窗户等处，屋顶檐口设计上以内檐沟做法进行有组织排水，将落水管于"立面"中隐藏；顶部压顶直接由混凝土浇筑出挑，近人尺度的一层挑檐等细节则采用传统的木构工艺建造。以工业感衬托手工感，增加适度的丰富性和层次感，呈现出江南白墙黛瓦大基调下的肌理质感的变化，通过对传统住宅的形式要素加以提炼与转译，使得所选材料的加工方式得以体现在建造结果中。

### （2）乡村建筑设计之二：莫干山大乐之野庚村民宿

项目基本概况：该民宿位于浙江莫干山镇庚村蚕种厂的西侧，场地从西北角转入，由北向南逐渐跌落。北侧紧邻村舍，曲折退进；南侧沿小溪蜿蜒延展，视线开阔；历史遗留下来的用地权属界定了犬牙交错的边界。旧有的建筑散落在场地上，有些已破旧坍塌；对岸建设中的环山路以及废弃小学的未来状况亦难以估计；树木填充了村落肌理的剩余空间。

设计策略：在调和场地周边多变的限制，以及对未来动态的预判下采用风景内化的策略，顺应原有轮廓的曲折、基地的高差与风貌的要求，并考量一些电缆线和树枝的高度，以及周边居民的自留地，维持分散的片段化体量，呈现场地的一些历史记忆；通过调配建筑体量、功能与外部景观资源之间的对位，获得空间拓扑关系，建立对于不利外部的防御性，反之也让被渗透的内部成为景观中一部分。通过共享公共空间的设置，在空间布局上形成两条流线，既满足公共对外流线能够独立使用，又保证酒店的流线可以进入公共对外区而又不被其干扰。

采用"拼贴与尺度模糊"和"陌生化与视而不见"的策略思维对建筑进行开洞和细节处理，通过建筑内部空间与外部环境的关系处理，采用框景，稳定场景深度，使细节背景化，营造一种记忆模糊的体验感。

**(3) 乡村景观规划设计之一：贵州桐梓县中关村乙未园儿童乐园** 该项目位于贵州北部山区，隶属于桐梓县的中关村。不同于北京中关村，这里经济落后，地处偏远，距离最近的县城也有一小时车程的山路。

该园以环境教育为设计主题，通过利用乡村建设过程中产生的建筑废料，以及拆卸的旧物来"拼凑"儿童乐园，体现贫穷山区的"场所精神"；结合原有地形，利用高差将场地划分为四级台地，放置环形栈道形成独立交通，并串联场地内的游乐设施。方案在设计中尽量容纳了更多的"废料"。材料的"杂乱"反而能够激发体验的丰富性。配合当地施工技术，更能给场地增添本土的特征。

另外，设计中留有大量的空白，并号召村民参与到项目的建设当中，一是希望获得因某些"不确定性"而产生的有趣结果；

二是希望参与建设的过程能让人与场地产生天然的联系。如，准备颜料和水泥，允许村民在空白的地方写写画画，小朋友在水泥上印下植物的叶子，和自己的手掌、脚印，以及歪歪扭扭的字迹，用小朋友参与制作的水泥砖砌在乐园的矮墙上。

在乐园中还建有一个"资源回收中心"，将乡村生活中节约与循环利用的思想，在这个乐园中以可见的方式呈现出来。"资源回收中心"以红砖作为基础，方钢为骨架，表皮采用了工地常见的竹跳板。材料易得且施工简单。建筑内可以收集玻璃、金属、纸张等常见材料。小朋友在穿过建筑时能看到关于"资源回收再利用"的完整介绍。可以系统地了解资源回收再利用的做法及其对乡村环境改善的意义。人对场地产生"认同感""归属感"，"场地"因此变成"场所"。

**（4）乡村景观规划设计之二：广州莲麻村生态雨水花园**

项目概况：该设计项目位于广州市从化区莲麻村村委会附近，包括村委会前已经硬化的场坝及南侧的空地，基地面积670 米$^2$。项目于 2015 年 7～8 月开始设计，整体于 11 月竣工。

场地环境现状：村委会前场坝空间局促单调，缺少活动及休憩设施；南侧空地原为废弃鱼塘，由于地势低洼，周围多个雨水口汇集于此，造成常年积水加之垃圾倾倒遍地无人清理，成为影响周围环境和村民生活质量的问题地块。

设计理念：设计以水为切入点，针对场地问题，试图塑造亲切闲逸的邻水活动空间，重拾岭南乡村以水叙事的传统，探索乡村公共活动与生态景观的融合。

设计策略：

① 整体上，通过打破场地边界，将鱼塘与村委会广场连接为一体，破除村委会的行政化印象，提升村委会广场的亲和力；增加滨水活动及亲水空间，将原本局促的车行道转弯予以拓展，提高舒适度；植入景观构筑，改变原有视线焦点，将人的活动引入场地，丰富场地的空间形态。

②雨水处理上，运用海绵效应，就地化解矛盾。将雨水就地蓄留，就地消化旱涝问题，即通过简单的挖方和填方，解决低洼地的积水问题，形成了洼地与高岗地相结合的"海绵"系统。生态雨水花园设计将与雨水对抗变为和谐共生，充分利用广州地区雨水充沛、气候湿润的特点，形成雨季旱季差异性景观，将环境教育、生态示范与景观结合。

③雨水净化上，整个雨水花园湿地是一个有生命的雨水净化系统，将雨水经过人工湿地系统进行生物处理达到雨水净化的效果。项目通过一系列说明将净化原理及过程以图文形式予以展示和讲解，将复杂的净化原理图形化，并对每种植物予以说明介绍，在实现雨水净化功能的同时对游客进行生态展示和生态教育，普及雨水生态净化知识，将科普融入场地之中，雨水净化过程的重要节点和过程均实现可视可读。进出水口、溢水通道等主要流程节点均被精心设计展现，整个过程可视可读，参观者与设计者形成良性互动。

④废旧材料利用上，项目积极采用了废弃及乡土材料等低能耗、可降解的建筑材料以减少对环境的影响。村庄附近维修道路拆除路面的大量混凝土被作为建筑垃圾运走，通过协调相关施工方，将废弃混凝土块用于挡墙砌筑和滨水石阶铺砌，结合本地红砖的地面铺装不仅极大节省了建造成本，而且通过材料的巧妙利用形成了特殊的形式语言和美学效果。核心的竹亭构筑物就地取材采用了本地竹竿，节省造价的同时体现乡土材料特色。

⑤公众参与，村民积极参与施工过程，妇女参与了竹竿的绑扎，不仅极大地节省了人工成本，还普及了竹子绑扎工艺，方便将来的维护维修，村民无需请技术工人就可以自行修复破损，为村庄的改造建设提供了工艺样本。这种共同参与的建造方式也激发了村民的主动性，为施工效率以及日后维护产生了积极影响。

广州莲麻村生态雨水花园建成后集生态示范、环境教育、雨洪管理、游憩休闲于一体，成为备受村民及游客欢迎的公共空间，通过对场地问题分析，结合当地的乡土营造方式，对乡村的水生态进行了有效探索。

（资料来源：http：//www. gooood. hk/pleasure－of－water－gathered. htm）

# 三、 资源高效利用

## *54. 什么是资源及农业资源？*

资源是一切可被人类开发和利用的物质、能量和信息的总称。或者说，资源就是自然界和人类社会中一种可以用以创造物质财富和精神财富的具有一定量的积累的客观存在形态。联合国环境规划署对资源定义为："所谓资源，特别是自然资源，是指在一定时间、地点的条件下能够产生经济价值，以提高人类当前和将来福利的自然环境因素和条件"。

资源包括自然资源（自然界赋予的可供人类生活与生存所利用的一切物质与能量的总称）和社会资源（人类自身通过劳动提供的资源）两个方面，如土地、森林、气候、矿产、石油、海洋、人力、信息等资源。随着科学技术和生产水平的进步，资源种类不断扩大。资源是一切存在和发展的物质基础和最基本要素，人类社会的一切产品和财富都是由资源物质和能量转化而来的。资源的永恒利用是人类可持续发展的基础。

农业资源是指人们从事农业生产或农业经济活动中可以利用的各种资源，包括农业自然资源和农业社会资源。农业自然资源主要指自然界存在的、可为农业生产利用或服务的物质、能量和环境条件的总称，包括土地资源、水资源、气候资源、养分资源和物种资源等。农业社会资源是指社会、经济和科学技术因素中可以用于农业生产的各种要素，包括从事农业生产和农业经济活动中可利用的各种资源，如劳力资源、农业技术、各种农机具等。农业资源是农业生产发展的物质基础，农业生产的核心是农业资源的高效永续利用。

## 55. 为什么说资源高效利用是生态环境保护的前提？

传统的经济发展方式以自然资源供给、环境对废弃物吸纳净化能力是无限的为前提，导致资源能源相对不足、生态环境承载能力下降，已经严重制约和影响经济发展。不断产生的资源环境问题越来越成为影响社会稳定的重要因素。人民群众由过去的"盼温饱""求生存"转变为现在的"盼环保""求生态"，希望生活环境优美宜居，食物安全放心。资源的不合理利用会导致资源的破坏和衰退，进而影响生态环境甚至造成环境污染，加强资源高效率用，实现作物高产优质和高效生产是生态环境保护的基础和前提，是我国生态文明建设、乡村振兴的重要内容。

## 56. 乡村资源有哪些类型？

农村资源是指在农村地域范围内能够为人类所利用的农村自然资源和农村社会资源的总和。农村自然资源是人类可以直接从自然界获得，并用于农业生产的自然物。如土地资源（耕地、草地、林地等）、气候资源（由光、热、降水等因素构成）、水资源（由地表水、地下水、降水等因素构成）、生物资源（由动物、植物、微生物所构成）等。农村社会资源是指可作为农村再生产过程中的劳动要素和劳动手段要素的资财，如农村人口、劳动力、科学技术水平、水利等基础设施等。农村资源可持续利用就是以最合理、最节约的方式开发利用和保护农村资源，充分发挥农村资源的经济功能，以满足社会日益增长的生产和生活需要。

## 57. 合理利用乡村资源的原则有哪些？

（1）落实基本国策、严格保护耕地。贯彻《基本农田保护条例》，十分珍惜和合理利用每一寸耕地。

（2）采用先进技术，深度开发耕地资源。通过改造低产田、低产果园等，建立高产高效的农产品生产基地；适度开垦宜农荒地资源，因地制宜发展多种经营。

（3）合理调整农作物种植结构、充分利用光热资源，开展多种形式的多层次资源配置，发挥土地生态系统的综合效益。

（4）有机肥与无机肥结合，实现作物科学施肥，因地制宜推行生态农业，促进农业内部良性循环。

（5）加大投入、完善工程配置，改变传统的农业大水漫灌方式，采用喷灌、滴灌等先进的灌溉技术，建立以节地、节水为中心的集约化农业生产体系。

## 58. 合理利用乡村资源的目标是什么？

乡村资源合理利用的目标是采用先进的技术进行开发利用，减少浪费，提高效益。再生资源以实现增值和永续利用为目标，可循环再生或再用的环境资源以最大限度利用为目标，非再生的矿产资源应以节约、综合利用和重复利用为目标。如土地资源应充分利用现有耕地资源、用养结合，保证永续利用。林业资源应使森林的采伐量与林木生长量相适应，大搞植树造林，增加森林资源。草场资源应使牲畜的饲养量与饲草增殖相适应，即"以草定畜"。渔业资源应实行养殖、捕捞并举，以养殖为主，防止渔业资源的衰竭。

畜禽粪尿、农林生物质废弃物等乡村资源数量大、处置不当影响生态环境，应推广生态农业生产模式，促进秸秆、养殖废弃物等生物质就地资源化，农村生活垃圾无害化处理。到 2030 年，以实现美丽乡村、农业可持续发展为目标，秸秆综合利用率达到 95％以上，养殖废弃物综合利用率达到 90％以上，形成生物质资源充分利用的生态循环农业。

# 59. 乡村废弃物资源主要有哪些？

农业废弃物是指在农业生产过程中暂时不用的有机类物质。按其成分分为植物纤维性废弃物和畜禽粪便两大类。按其存在状态分为固体废弃物、液体废弃物和气体废弃物三类。按其来源分为养殖业废弃物、种植业废弃物、农村生活垃圾、农业加工业废弃物四类。养殖业废弃物主要指各种畜禽粪便等，种植业废弃物主要指各种作物秸秆、果壳、藤蔓等，农村生活垃圾是指农村居民代谢产物和生活垃圾等，农业加工业废弃物是指农副产品加工后的剩余物。

# 60. 乡村废弃物资源的基本特性是什么？

（1）农村废弃物资源来源广泛、分布面积大，集中收集处理难，在收集、储存及运输等环节易出现污染情况。

（2）农村废弃物资源有机物质比例高，资源化处理与循环利用的可能性大，通过发展农村沼气工程等方式可转换为环保型可再生能源。

（3）农村各生态要素紧密相连，农村废弃物资源处置不当可能造成农村环境的多种污染，如畜禽粪便随处堆积就可能造成农村空气污染、水体污染，甚至农村土壤污染等，农村废弃物资源高效利用势在必行。

# 61. 乡村废弃物资源化的意义有哪些？

（1）可改变人居环境，推动美丽乡村建设。实行作物秸秆、畜禽粪尿就地资源化综合利用，改善农业生产和农村生态环境，是实现"田园美、村庄美、生活美"及"美丽、特色、绿色"的美丽宜居乡村建设的必然要求。

（2）综合利用秸秆薪柴等生物质能，解决农村能源短缺问题。农村生物质能源作为低碳、清洁的可再生能源可替代化石能源，以沼气技术为核心，综合利用作物秸秆薪柴等生物质能，不仅解决农村用能短缺问题，还可缓解国家能源和电力紧张问题。

（3）创造新的经济增长点，促进农业绿色产业发展。通过大力开展农村废弃物的资源化利用，使废弃物资源物尽其用，推动现代农业的绿色发展与转型升级。发展乡村绿色清洁能源、固体废弃物资源化及农村环境综合整治，以大投入带动产业发展，创造新的经济增长点。

# 62. 乡村废弃物资源化的主要途径有哪些？

发展循环经济是今后社会发展的重要方向，变"废"为"宝"已成为热门的话题。农业废弃物资源综合利用已朝着能源化、肥料化、饲料化和材料化方向发展。

**（1）肥料化** 农业废弃物资源含有丰富的氮、磷、钾及中微量营养元素等多种作物必需养分，将秸秆、畜禽粪尿等废弃物资源进行堆沤处理制成腐熟有机肥料可增加土壤有机质、改善土壤结构、提高作物产量、改善农产品品质。

**（2）饲料化** 农业废弃物资源中除含有能量和丰富矿物质以外，还含有维生素及其他营养成分，可作为饲料利用。如氨化饲料、青贮饲料、生化蛋白饲料、糖化饲料、碱化饲料等，应用于养殖业具有较好的效益。

**（3）能源化** 农业废弃物资源蕴含大量能量，可作为生物质能用于沼气、发电、燃烧。如将农业废弃物资源进行沼气发酵制取沼气用作农村能源，秸秆气化、液化、固化可燃烧发电等。

**（4）材料化** 利用农业废弃物资源中的高蛋白质和纤维性材料生产多种物质材料和生产资料。如加工生产轻型建材、复合板、可降解包装材料、农用地膜和纸餐盒等，在工农业生产及社会生活中前景广阔。

# 63. 乡村常见养殖废弃物有哪些？

养殖废弃物主要包括畜禽粪便、圈舍冲洗废水等，其中畜禽粪便是物质和能量的载体，是一种特殊形态的农业资源。养殖业固体废弃物主要有猪粪、鸡粪、牛粪及其他牲畜粪便，这类废弃物数量大、富含农作物生长所必需养分，易腐易降解、易于收集、处理方便，经发酵腐熟可制得优质有机肥料，为作为当地农业生产的养分来源，替代部分化肥。养殖业液体废弃物指畜禽尿、圈舍冲洗废水等，这类废弃物含有机质及氮磷养分等，不易收集处理，农村中常随意排放，是造成水体富营养化的重要来源。因地制宜适时适量进行污水灌溉是一种简单的处理方式。大规模养殖场有机废水必须处理好才能排放，否则容易造成水体污染。

# 64. 乡村养殖废弃物常见处理方式有哪些？

养殖废弃物中富含动植物生长的必需营养物质，应根据生态农业养分循环模式，对其进行分级分层次重复利用，就近进行沼气发酵、加工成有机饲料或经堆肥形成优质有机肥。

**（1）制取沼气** 通过建立沼气池将动物粪便制取沼气，供居民生活做饭取暖利用，沼渣和沼液作为有机肥料用于农业生产。沼气池发酵系统将动物粪便、植物秸秆等农业固体废弃物转变为再生资源沼气和优质有机肥，实现了废弃物资源化，减少了传统能源的消耗，促进了农牧循环发展。

**（2）制成肥料** 养殖废弃物可采用好氧发酵堆肥和厌氧发酵制成肥料。好氧发酵堆肥技术比较成熟，根据微生物发酵条件和当地原料资源，确定发酵原料配方，以条垛式堆肥处理与翻抛技术、高效稳定分解菌复合系为中心的有机物快速发酵技术、有机肥造粒与烘干技术、有机无机复混肥技术等形成从堆肥到商品有机肥生产的技术体系。

# 65. 作物秸秆资源有哪些？

作物秸秆是指小麦、玉米、水稻、薯类、油料、棉花、甘蔗和其他农作物在收获籽实后剩余的部分。除含有丰富有机质外，还含有较多的氮、磷、钾和多种微量元素，可用作肥料、饲料、生活燃料及工业生产的原料，是一种具有多用途、可供开发和综合利用的可再生资源。我国各种农作物秸秆资源丰富，年产量约7亿吨，但由于秸秆利用途径狭窄和综合利用技术相对滞后，大量秸秆被丢弃或在田间直接焚烧，使"资源"变成了"污染源"，造成了巨大的资源浪费和环境污染。因此合理利用秸秆资源对于节约资源、保护环境、增加农民收入、实现农业可持续发展具有重要的现实意义。

# 66. 作物秸秆资源利用的主要途径有几种？

**（1）秸秆还田** 秸秆还田是最主要、最有效、最快捷的利用途径之一，具有良好的社会效益和生态效益。将秸秆粉碎后或整株直接覆盖在地表（秸秆覆盖还田）可减少土壤水分蒸发，秸秆腐烂后增加土壤有机质。把作物收获后的秸秆通过机械化粉碎并均匀抛撒在地表，然后耕地，直接翻压在土壤里（秸秆粉碎翻压还田）可增加土壤有机质含量、改良土壤结构、培肥地力、减少病虫危害。将农作物秸秆充分高温腐熟以后，加入畜禽粪和多种微量元素、生物菌，粉碎加工成颗粒状生物有机肥（秸秆堆沤还田）可实现高产优质生产。

**（2）秸秆用作饲料** 秸秆作为饲料饲喂牲畜是秸秆过腹还田的自然途径，也是秸秆饲料价值和肥料价值的重要体现。将农作物秸秆经简单物理处理，青鲜饲料营养丰富，收割后将其及时风干储存，以免微生物迅速繁殖使其变质，晾干后的秸秆用铡草机械切碎后存放在草房内，即可饲喂牲畜。作物秸秆经青贮、氨化、微贮或干物质粉碎发酵等生物处理后，是草食家畜的优质主饲料及家禽的辅助饲料。

**（3）秸秆用作燃料** 秸秆除直接燃烧利用外，可通过秸秆气化（通过作物秸秆缺氧燃烧，产出以一氧化碳为主要成分的可燃气体）和秸秆厌氧发酵产出沼气（作物秸秆适配人畜粪在厌氧条件下发酵产生出以甲烷为主要成分的可燃气体）两种途径来实现将秸秆转化为燃气。也可以用压块机把粉碎好的秸秆压成块状体使其成为一种便于使用和储运的清洁燃料（秸秆固化成型技术）。这种以燃气、生物质能为重点的农村可再生能源建设，缓解了农村地区能源供应短缺的情况，满足了农民需求，提高了农民生活质量，且适应现代新农村发展需求。

**（4）秸秆用作食用菌培养料** 作物秸秆富含纤维素和木质素等有机物，是栽培食用菌的好材料。可以就地取材，资源丰富，保护林木，降低成本，提高食用菌产量及品质。目前我国已成功地用秸秆生产草菇、平菇、香菇、金针菇、木耳等多种食用菌。秸秆栽培食用菌不但丰富了群众的菜篮子，而且又引导农民致富，促进生态农业、高效农业的发展，是处理秸秆一举多得的好办法。

**（5）秸秆用作工业品生产原料** 秸秆经揉搓、改性处理，可制成建筑、装修、装潢用的结构板、纤维板、复合板、保丽板、压模板、工业包装板材等，可以替代木材，节约资源、保护环境。以农作物秸秆为主要原料生产的农用地膜，经过一段时间后，可自行降解，避免了塑料地膜对土壤的污染。用作物秸秆生产的纸餐盒扩大了秸秆的利用途径，有利于保护环境。

# *67.* 秸秆还田有哪些好处？

秸秆还田具有增加土壤有机质含量、促进微生物活性、提高作物产量及保护生态环境等作用。

（1）秸秆含有作物必需的各种养分，富含纤维素、半纤维素、木质素、蛋白质等有机质，秸秆还田有效增加土壤有机质及氮、磷、钾等含量，提高土壤水分保蓄能力，改良土壤性质、提高土壤肥力。

（2）秸秆还田为土壤微生物增添了大量能源物质，各类微生物数量和酶活性也相应增加，加速了微生物对有机物质的分解和矿物质养分的转化，使土壤氮、磷、钾等元素增加，土壤养分有效性提高。微生物活动产物促进土壤形成团粒结构，提高土壤中水、肥、气、热的协调能力，改善土壤理化性状。

（3）秸秆还田可替代部分化肥，提高作物产量。有机无机配施是科学施肥的重要措施，秸秆还田配施化肥，实现优势互补、缓急相济，可充分发挥肥料效果。秸秆还田的增肥增产作用显著，一般可增产 5%～10%，是实现农业高产优质和高效生产的重要途径。

（4）秸秆还田可实现资源高效利用，改善农村生态环境。过去农村 80% 的秸秆用于做燃料或直接燃烧处理，造成空气污染、影响交通、土壤表层焦化等问题，影响农业生态环境。秸秆还田可最大限度利用资源、实现综合利用，保护和改善了农村生态环境。

## 68. 秸秆直接还田应该注意什么问题?

秸秆直接还田是当前秸秆资源化利用简便易行的常见途径,可培肥地力、增加作物产量,但若方法不当,可能会出现各种问题。秸秆直接还田应注意以下问题:

**(1) 配施氮肥,调节碳氮比,促进秸秆尽快分解** 新鲜秸秆碳氮比大,秸秆还田后腐熟过程会消耗土壤中的氮素等速效养分,易出现微生物与作物争氮现象。在秸秆还田的同时,要配合施用化学氮肥,补充土壤速效养分。

**(2) 秸秆应切碎后耕翻入土** 采用秸秆粉碎机将秸秆切碎,长度5～10厘米,耕翻入土深度15厘米以下,覆土镇压保墒,既可加速秸秆分解,又不影响播种出苗。不少地区,秸秆粉碎后采用旋耕机耕作,导致耕层浅、秸秆浮于耕层土壤上部,严重影响种子出苗。

**(3) 注意还田时期和还田量** 土壤水分状况是决定秸秆腐解速度的重要因素,作物收获时含水较多,及时耕翻利于腐解。土壤墒情差,耕翻后应立即灌水;墒情好应镇压保墒,利于秸秆吸水分解。秸秆还田后腐解过程中会产生许多有机酸,在水田中易累积造成危害,秸秆还田量不宜过大,可采取"干湿交替、浅水勤灌"的方法,适时搁田,改善土壤通气性。

**(4) 秸秆还田应使用无病健壮的植物秸秆** 感染病虫害的植株不宜直接还田,以防止传播病菌,加重下茬作物病害。可采取秸秆堆肥、烧灰等方式实现无害化后再还田。

## 69. 什么是秸秆堆肥?

堆肥是利用各种植物残体(作物秸秆、杂草、树叶及有机废弃物等)为主要原料,混合人畜粪尿经堆制腐解而成的有机肥料。秸秆堆肥作用机理就是利用一系列微生物对作物秸秆等有机物进行矿质化和腐殖化作用的过程。通过堆制可使有机物质中的养分释放，杀死堆肥材料中病菌、虫卵及杂草种子，实现无害化。秸秆堆肥必须满足碳氮比、水分、空气、温度和酸碱度等5个方面的要求。

**（1）碳氮比** 微生物活动所需适宜的碳氮比为 25∶1，禾本科秸秆碳氮比较大，堆制时加入相当于堆肥材料 20％的人粪尿或 1％～2％氮素化肥，以满足微生物对氮素的需要，加速堆肥的腐熟。

**（2）水分** 堆制材料吸水膨胀软化后易被微生物分解，水分含量以占堆制材料最大持水量的 60％～75％为宜，或用手紧握堆肥原料，以能挤出水滴时最合适。

**（3）空气** 堆肥中空气的多少直接影响微生物的活动和有机物质的分解。可采用先松后紧堆积法，在堆肥中设置通气塔和通气沟，堆肥表面加覆盖物等。

**（4）温度** 嫌气性微生物的适宜温度为 25～35 ℃，好气性微生物为 40～50 ℃，中温性微生物最适温度为 25～37 ℃，高温性微生物最适宜的温度为 60～65 ℃。冬季堆制时，加入牛羊马粪提高堆温或堆面封泥保温。夏季堆制时，可翻堆和加水降低堆温，以利保氮。

**（5）酸碱度** 堆肥内大多数微生物要求中性至微碱性环境（pH6.4～8.1），最适 pH 为 7.5。堆腐过程中常产生各种有机酸，影响微生物的繁殖活动。堆制时要加入适量（秸秆重量的 2％～3％）石灰或草木灰，以调节酸碱度。使用一定量的过磷酸钙可以促进堆肥腐熟。

# 70. 什么是沼气？

沼气是指有机物质在厌氧条件下经过微生物发酵作用而生成

的一种混合气体，由 50％～80％甲烷（CH₄）、20％～40％二氧化碳（CO₂）、0％～5％氮气（N₂）、小于 1％的氢气（H₂）、小于 0.4％氧气（O₂）与 0.1％～3％硫化氢（H₂S）等气体组成，因含有硫化氢而略带臭味。其主要成分甲烷是一种理想的气体燃料，无色无味，与适量空气混合后即会燃烧，每立方米沼气的发热量为 20 800～23 600 千焦，相当于 0.7 千克无烟煤的热量。与其他燃气相比，其抗爆性能较好，是一种很好的清洁燃料。人畜粪便、秸秆、污水等各种有机物在密闭的沼气池内，在厌氧（没有氧气）条件下发酵，被种类繁多的沼气发酵微生物分解转化，从而产生沼气。沼气除直接燃烧用于炊事、烘干、供暖、照明和气焊等外，还可作内燃机的燃料以及生产甲醇、甲醛、四氯化碳等化工原料。经沼气发酵后的沼液和沼渣，含有丰富的营养物质，可用作肥料和饲料。

# 71. 沼气综合利用有哪些方面？

沼气作为能源利用历史悠久。我国主要为农村户用沼气池，20 世纪 70 年代初，为解决秸秆焚烧和燃料供应不足的问题，我国农村推广沼气，沼气池产生的沼气用于农村家庭烧饭、照明和取暖。随着经济发展和人民生活水平的提高，大型废弃物发酵沼气工程将是我国可再生能源利用和环境保护的切实有效的方法。沼气燃烧发电是随着大型沼气池建设和沼气综合利用的不断发展而出现沼气利用技术，将厌氧发酵产生的沼气用于发动机上，并装有综合发电装置，以产生电能和热能。沼气发电具有创效、节能、安全和环保等特点，分布广泛且价廉。我国以农业为主，沼气技术在农业领域作用重大，国家制定实施了许多发展农村沼气的有关政策规定，在全国各地大力推动大中型沼气工程建设，将对农业资源高效利用和农村生态环境保护具有重要意义。

# 72. 沼气发酵注意问题有哪些？

**（1）做到勤加料、勤出料** 为保证沼气细菌有充足的食物能源，产气正常持久，就要不断地补充新鲜原料，做到勤加料、勤出料。应先出料后进料，做到出多少进多少，以便保持气箱容积。

**（2）经常搅拌、提高产气率** 沼气细菌只有与发酵原料不断均匀接触，获得新的营养，才能保证正常发酵。将浮渣层、清液层、活性层（发酵原料多、沼气细菌多，产生沼气主要部位）和沉渣层经常搅拌，可提高产气量。

**（3）做好冬季保温措施，加强越冬管理** 冬季气温低，沼气池内温度降到了 10℃以下就不能正常产气，可在沼气池上部堆放柴草，或在迎风面修挡风屏障，在"三结合"沼气池上和猪圈前面搭盖塑料大棚，即能提高沼气池发酵原料的温度，保证正常产气。

**（4）要定时进行脱硫器"再生"和更换** 脱硫器使用 3 个月后应及时更换。脱硫剂还原时间应大于 24 小时，脱硫剂重新装回净化器内时只装颗粒，防止粉末随管道流通进入灶具喷嘴，引起堵塞。

**（5）及时处理产气异常情况** 发现产气异常或不产气，应及时查找原因，如原料不足、农药中毒、酸化、漏气等。

# 73. 沼气池护理有哪些要点？

**（1）做好池壁保湿养护，防止空池及池壁过于干燥** 沼气池一般为混凝土浇筑，而水泥是一种多孔性的建筑材料，沼气池空池遭遇高温干燥环境，很容易使水泥毛细孔开放，破坏池壁结构，导致漏气。沼气池停用时，需在沼气池内注满水，起到保护池壁的作用，防止池壁干裂。

**（2）做好防水工作，防止进出料口雨水流入** 沼气池多数建造在棚室外面，进料口和出料口密封性不是很好，一旦进入池内的雨水过多，会影响正常发酵浓度，会减缓沼气的产生速率，影响沼气池的正常使用。多雨季节要做好进出料口的雨水防范工作。

**（3）及时排气，防止池压过大发生安全事故** 夏季温度高、发酵速度快，沼气产量大，要时刻注意压力表，压力变大超过指针12以上，要及时放气，以免管道鼓裂、气压表损坏。可在压力表安全瓶上端接一段输气管通往室外，使多余的沼气可以散失，绝对不能造成安全隐患。

# *74.* 沼气肥组成有哪些？

沼气肥（又称沼气发酵肥料）是指将作物秸秆与人畜粪尿在密闭的嫌气条件下发酵制取沼气后的沼渣和沼液，其中富含可被植物吸收利用的养分，对于培肥土壤、提高作物产量和改善品质等均有良好的作用，是一种优质的有机肥料。沼气肥一般含有机质28%～50%、腐殖酸10%～20%、半纤维素25%～34%、纤维素13%～17%、木质素11%～15%、全氮0.8%～2.0%、全磷0.4%～1.2%、全钾0.6%～2.0%及少量的微量元素。沼渣中含有发酵原料分解成的上百种蛋白质、氨基酸及维生素、生长素、糖类等物质，还含有微生物群团及未完全分解的纤维素、半纤维素、木质素等，其中含有机质36.0%～49.9%、腐殖酸10.1%～24.6%、全氮0.78%～1.61%、磷0.39%～0.71%、全钾0.6%～1.3%；沼液各养分含量为全碳2.03毫克/毫升、全氮0.39毫克/毫升、全磷0.39毫克/毫升、全钾2.06毫克/毫升、铵态氮295.5毫克/升、速效磷73.32毫克/升、速效钾1 758.3毫克/升。沼渣除含有氮磷钾等大量元素外，还含有少量的微量元素养分。

# 75. 沼气肥主要作用机理是什么？

沼气肥包括沼液和沼渣。沼液营养成分全面，含有多种生物活性物质，可以为植物提供氮、磷、钾等营养元素，微量元素铁、锌、铜、锰等通过沼气发酵后大部分以活性较高的离子形式存在，可以渗进植物种子细胞内，刺激种子发芽或给植株生长提供微量营养元素；生物在分解发酵原料时分泌的生物活性物质如氨基酸、B族维生素、各种水解酶、有机酸类、植物激素类、抗生素类以及腐殖酸类等活性物质，对植物从种子萌发、植株生长到开花结果的整个过程具有重要的调控作用，多种发酵产生的生化物有营养、抑菌、刺激、抗逆等多方面的功效，特别是有机酸中的丁酸和植物激素中的赤霉素、吲哚乙酸以及维生素 $B_{12}$ 对病菌有明显的抑制作用。沼渣中富含的胡敏酸和富里酸等酸类物质，可以消除引起土壤碱化的主要盐分物质碳酸钠，降低土壤碱度；多种有机物质和微生物群团协同作用，增加土壤有机质含量和土壤孔隙度，促进土壤胶体和土壤团粒结构的形成；含有多酸性功能团的腐殖质具有两性胶体的作用，具有很强的缓冲酸碱变化的能力。总之，沼气肥含有丰富有机质、多种生化物质、氮磷钾和少量微量元素等，可为植物提供养分，抑制病菌，提高抗逆性，对改善土壤理化性质、提高土壤肥力具有显著作用。

# 76. 农作物施用沼气肥效应如何？

沼气肥作为一种优质有机肥料，已在小麦、玉米、水稻、果树、各种蔬菜以及药材等多种作物上施用，具有明显的增产增收及提高作物抗逆性等效应。

**(1) 粮食作物效应** 施用方式主要有沼渣做基肥、沼液浸种和叶面喷施等。使用沼液浸种玉米出苗快而齐，苗期营养生长旺盛，使玉米增产 11.1％～12.6％。小麦产量提高 12.4％～26.1％。水稻沼液浸种产量提高 5％～8％。

**（2）果蔬类作物效应** 沼液可促进果树营养生长，增强抗性，促进花芽分化，提高坐果率，同时还能有效预防梨锈病、黑心病和黑斑病，可减少虫害果和畸形果的发生。可促进辣椒、番茄、黄瓜等生长发育，明显提高产量，改善品质。

**（3）其他作物效应** 杂交油菜施用沼渣并喷施沼液植株长势良好，较单施化肥增产 16.0％；维生素 C 含量增加且硝酸盐含量降低。烟草施用沼肥有利于提高烟株移栽成活率，使烟株发苗早，生长稳健。早熟蜜柑施用沼肥可显著提高土壤养分含量及土壤酶活性，产量得到持续稳定提高，果实品质得以改善。

# *77.* 沼气肥推广应用存在哪些主要问题？

**（1）沼气推广应用受限，沼气肥产量低** 沼气是中国生态农业发展的核心环节，但由于认识和技术等问题，沼气还未能全面推广应用。目前地区分布不平衡、规模小、以户用沼气为主。畜牧养殖业的畜禽粪便亦未能有效用于沼气生产，致使沼气肥的生产量小。在实际生产过程中，农户更为关心的是沼渣、沼液的运输、施用是否方便等问题。沼气肥产量低和农户认识等问题使沼气肥未能大面积推广应用。

**（2）沼气肥成分复杂，有待进一步研究** 关于沼气肥养分已有报道，但由于沼气原料、工艺和测定方法等因素都会影响沼气肥的养分含量，且沼气肥的理化成分及生物学指标等研究较少，仍缺乏标准性或权威性数据可供参考，沼气肥施用量和方法也缺乏系统科学的研究。沼气肥是一种发酵产物，含有众多微生物，同时发酵原料畜禽便中的重金属也是沼气肥安全施用需要考虑的问题。

**（3）沼气肥价值及经济效益尚需明确** 沼气肥具有培肥土壤、提高作物产量、改善品质和提高抗逆性等作用，但沼气肥的具体价值和价格没有明确界定，其生态效益、经济效益和社会效益没有得到充分认识和评价。沼气肥价值和价格等研究亟待加强，确定沼气肥价值和价格有利于其推广应用。

# *78.* 如何推广应用沼气及沼气肥？

**（1）加强沼气科学研究** 中国沼气具有广阔的发展前景，但沼气行业还处在起步阶段，沼气肥的研究深度有待加强，对于不同原料沼气肥的成分组成、养分含量、理化性质和生物学性状等方面都需要形成可以参考的标准，应公平合理地确定沼液的价值及价格，要加强沼气肥的科学研究，明确沼气肥在各种作物上的施用效果、合理的实用技术等，为科学施用沼气肥提供依据，并宣传普及沼气肥知识。

**（2）加大政策资金扶持力度** 沼气在保护农村环境、缓解农村能源危机、节能减排以及发展农村经济中起到重要的作用，大力发展沼气是贯彻落实科学发展观，建设资源节约型社会和环境友好型社会的重要措施。发展沼气必须有足够的资金支持，各级政府应多渠道筹资，千方百计增加经费投入，制定和完善相关政策和措施，对沼气工程补贴方式由"以建为主"改为"以补贴产气、产肥量为主"，促使沼气业主重视沼液、沼渣的施用和消费，才能更好地推动沼气肥的推广应用。

**（3）推行大中型沼气工程** 沼气生产应逐步走产业化道路，大中型沼气工程建设是推进农业废弃物资源化利用和沼气产业化的重要战略举措，应不断拓宽大中型沼气建设领域，以养殖场、养殖区、工厂、集贸市场等为单元，集中力量发展大中型沼气工程，实行集中供气，综合利用沼气、沼渣和沼液，实现资源利用最优化和社会经济效益最大化。在国家政策和资金支持下，扩大沼气肥的原料来源，向城市生活垃圾（餐果蔬垃圾、居民粪便等）、工业废弃物（糟、渣）和高浓度有机废水等多原料方向发展，实现沼气工程规模化，提高沼气肥生产量。

沼气肥是生物质资源循环利用的重要环节，是一种优质的有机肥料，具有较大的经济利益和生态社会效益。随着沼气行业的快速发展，尤其随着大中型沼气工程的建设和运行，沼渣沼液连续、量大和集中的特点将使沼气肥资源愈加丰富，沼气肥将成为有机肥料的主要成员，在现代农业生产中广泛应用、发挥更大作用。

# 79. 化肥的特性有哪些？

化学肥料（简称化肥）是按照农作物生长发育所必需或有益的元素，经过合成、加工等工艺制造的肥料。化肥来自于自然界、供应效率高。氮肥主要原料来自于大气中的氮，其他磷钾等化肥原料主要是矿产。化肥让农田从培肥到生产的长周期转变为连续生产的短周期，极大地提高了农田产出效率。化肥养分浓度高、强度大，将农户从繁重的有机肥料收集、堆沤等劳动中解放出来，极大地提高了劳动生产效率。化肥肥效快、利于作物吸收利用，化肥养分是无机态，不需要经过微生物转化分解，施入土壤后会迅速被作物根系吸收，在植物生长旺盛阶段可以迅速满足作物需要，还可以通过灌溉方式施用，极大地提高了作物养分吸收效率。化肥养分含量高、杂质低，本身是无害的。如尿素中含氮素 $46\%$，氮是作物所需的营养元素。二氧化碳施用到土壤后会再次释放回到大气中，是无害的。磷肥、钾肥以及中微量元素都是从矿物中提取出来的，基本成分也都是无害的。

# 80. 化肥对农业生产的重要性体现在哪里？

肥料是作物的"粮食"，是现代科学技术带给我们的高效营养物质。化肥在作物生产中发挥着不可替代的重要作用。

**（1）提高作物产量** 联合国粮农组织（FAO）统计，20世纪60年代至80年代，发展中国家通过施肥提高粮食作物单产55%～57%，中国粮食产量的一半来自化肥。1949年至今的70余年间，我国小麦平均单产达到350～400千克，高产地区达到750千克，施用化肥发挥了关键作用。科学研究证明，不施化肥和施用化肥的作物单产相差55%～65%。

**（2）提高土壤肥力** 国内外长期肥效试验结果证明，连续施用化肥对土壤肥力产生积极影响，一方面直接提高土壤供肥水平，供应作物的养分；另一方面化肥有后效，相当比例养分残留于土壤，或被土壤吸持、或参与土壤有机质和微生物的组成，进而均可被后茬作物吸收利用。如通过施用磷肥，近30年来我国土壤有效磷含量由7.4毫克/千克上升到23毫克/千克。

**（3）改善农产品品质** 化肥施用与农产品外观、营养及内含物成分、储藏性状都有直接关系。科学使用化肥可使农作物营养充足协调、生长发育良好，品质得以改善。百姓常说"用了化肥瓜不香了、果不甜了"，是部分农户盲目追求高产，氮肥过量投入而忽视其他养分配合，化肥施用不合理导致品质降低。化肥养分结构、施用方法合理，会使果更香、瓜更甜，品质得到全面提高。

**（4）减轻农业灾害** 合理施用化肥能提高作物的耐寒、耐旱和耐冻性能，充足的氮磷钾营养有利于作物生长发育，增加糖分和可溶性蛋白质，提高和促进植物细胞渗透作用，降低冰点，减少或避免冻害和冷害造成的损失。尤其是钾肥对作物抗倒增产效果显著。

**（5）化肥是人类健康的重要保障** 化肥极大地丰富了农业生产系统中的养分供应，为生产更多人类所需的蛋白、能量、矿物质提供了基础。提高了蔬菜水果、动物蛋白供应量，显著提高了国人的营养水平。

化肥施用还可以增加农作物生物量，提高地表覆盖度，减少水土流失，提高光合效率、增强空气净化作用，吸收利用人类活动产生的温室气体，减轻工业化带来的负面影响。

# 81. 不合理施用化肥会带来什么环境问题？

大众对化肥施用带来的一些问题存在误解，导致一些负面影响被过分放大。不合理饮食、营养过剩会带来高血压、高血脂、高血糖等健康问题，这是食物摄入方式不合理造成的。和食物一样，化肥本身无害，化肥施用过量、养分配比与施用方式不合理等会产生负面影响，引起环境问题。

**（1）不合理施用化肥导致水体富营养化** 农业生产中大量施用化肥，使氮、磷等营养元素大量进入水体，引起水体富营养化，造成化肥对地表水的面源污染。农业面源污染包括化肥流失、畜禽养殖业和水产养殖引起的氮磷养分流失。据研究，化肥养分流失对农业源氮、磷排放的贡献分别为 11.2% 和 25.7%，总体而言是较低的。实际上，化肥中没有被当季作物吸收的磷、钾元素大部分还会留在土壤中，为下季作物所利用。

**（2）过量施用化学氮肥造成氮素淋溶污染地下水** 氮肥施入土壤后，经硝化作用产生硝酸根离子（$NO_3^-$），一部分被作物吸收利用，其余的 $NO_3^-$ 不能被土壤胶体吸附而随水下渗污染地下水。长期大量施用氮肥地区，地下水含氮量逐年增高，导致饮用水中硝态氮含量超标。另一方面，不合理施用化学氮肥会造成蔬菜等农产品中硝酸盐含量超标，对身体健康产生潜在威胁。

**（3）过量施用化学氮肥影响大气环境** 化肥对大气环境的影响主要是氮肥，氮肥施入土壤很容易以氨态氮（$NH_3$）的形式挥发逸入大气。硝态氮肥在土壤反硝化微生物作用下转化生成氮和氮氧化物进入大气，使空气质量恶化。

**（4）不合理施肥导致土壤性质恶化** 长期偏施单一化肥会对

土壤性质有较大的影响。如长期大量施用氯化铵、氯化钾、硫酸铵等生理酸性肥料会引起土壤酸化。硫酸钾、硫酸铵在中性和石灰性土壤中生成难溶性的硫酸钙（$CaSO_4$），易堵塞土壤孔隙，引起板结现象。

# 82. 农业生产中如何科学使用化肥？

科学使用化肥就要根据土壤供肥能力、作物需肥特点、肥料特性、气候条件和栽培措施等将肥料施于土壤或植株，以培肥地力、增加作物产量、改善农产品品质、提高经济效益与保护生态环境。

**（1）因土壤性质施肥**　根据土壤养分状况施肥，高肥力土壤适当少施，中低产田适当多施；中性碱性土壤选用生理酸性肥料，酸性土壤选用生理碱性肥料；沙质土壤保肥性差施肥应少量多次，黏土地保肥性好可适当一次多施。

**（2）根据作物需肥特性施肥**　不同作物需要养分不同，根据各种作物的需肥特点和需肥规律，因作物因生长期合理施肥，做到营养平衡。注重作物营养临界期和肥料最大效率期的养分供应。根据作物的生长特性如豆科作物可少施氮肥、忌氯作物不能施用含氯肥料等。

**（3）根据肥料特性施用**　化肥成分决定肥料性质，肥料性质决定科学施用方法。如铵态氮肥易分解挥发损失，应深施覆土；硝态氮肥易随水移动和流失，不宜水田施用。钙镁磷肥呈碱性反应，忌与铵（氨）态氮肥直接混合；氯化钾不宜作种肥，对忌氯植物及盐碱地不宜施用。过磷酸钙中的磷容易被土壤固定且移动性差，施用时应集中施在根系附近。

**（4）化肥与有机肥配合施用**　有机肥营养齐全且富含有机物，可培肥改土，化肥能供给作物生长发育所需的无机养料。化肥提供速效养分，缓解有机肥前期养分释放较慢的不足；化学氮肥加速有机肥分解矿化作用，有机肥料的吸附载体可以降低化肥损失，提高化肥利用率，有机肥与化肥相结合，缓急互补，能充分发挥肥效。

（5）**氮磷钾平衡施肥** 作物高产优质需要养分协调充足供应，氮磷钾合理配比可促进作物的生长发育。当前多数地区根据作物需要和土壤肥力合理采取"适氮增磷补钾""减氮稳磷增钾"等施肥技术，可避免氮素过多的危害和流失，缓解钾素供应不足的矛盾。重视发展高浓度作物专用复合肥料，逐步改善化肥品种结构。因地制宜，有针对性地补充和施用中微量元素肥料。

（6）**采用合理的施肥技术** 按照作物营养特性、预期产量和土壤理化性状确定化肥最适用量，在作物关键营养期采用适宜施肥方式将化肥施入适宜的位置。氮肥采用深施覆土、磷肥集中施在根系附近等施肥技术。还应根据气候条件、轮作制度合理施肥，采用水肥一体化施肥、机械施肥等。

# 四、│生态环境保护

## 83. 生态环境要素有哪些？

生态环境要素是指与人类密切相关、影响人类生活和生产活动的各种自然力量（物质和能量）或作用的要素，包括动物、植物、微生物、土地、矿物、海洋、河流、阳光、大气、水分等天然物质要素，以及地表、地下各种建筑物、相关设施等人工物质要素。

**（1）水** 水是生命的源泉，水域面积约占地球表面积的71%，地球也被称为"水球"。

**（2）大气** 在地球周围聚集的一层很厚的大气分子，称为大气层。地球大气主要由氮气和氧气组成，氧气对人类至关重要。

**（3）生物** 动物以有机物为食料，进行摄食、消化、吸收、呼吸、循环、排泄、感觉、运动和繁殖等生命活动。绿色植物能进行光合作用。微生物无所不在，是生态环境中不可缺少的要素。

**（4）阳光** 太阳内的核反应"燃烧"发出的光，是最重要的自然光源，是取之不尽用之不竭的能源。充分利用太阳能是人类发展的重要方面。

**（5）矿物** 由地质作用所形成的天然单质或化合物，具有相对固定的化学成分、性质和作用。

**（6）土地** 由地球表层的陆地部分及其一定幅度空间范围内的全部环境要素，人类社会生产生活活动作用于空间的某些结果所组成的自然—经济综合体。

## 84. 宜居家园应具备哪些方面？

随着"建设美丽中国"的提出，宜居和生态等概念引起了人们广泛关注，宜居家园建设得到重视。宜居家园是指适宜人类居住区域和环境，是一种具有良好的居住空间环境、人文社会环境、生态自然环境和清洁高效工作环境的居住地。包括宜居乡村、宜居城镇和宜居城市等。宜居应该满足三个条件：一是好的物质环境，二是好的人际环境，三是好的精神文明氛围。

宜居家园应包含四个方面：一是宜居家园应具备良好的大环境，包括自然生态环境（清新的空气、洁净的水源、葱郁的绿化和优美的自然景观等）、社会人文环境、人工建筑设施环境，这是宜居的基本条件；二是应具备区域规划设计合理、生活设施齐备、出行便捷、环境优美的社区条件，包括公共设施、交通、住房、安全、减灾、就业、就医、福利等方面，这是宜居家园的硬件设施；三是亲和的人文氛围，包括社会秩序、道德风尚、教育程度、文化底蕴和娱乐功能等，这是宜居家园的精神体现；四是良好的居室环境，包括居住面积适宜、房屋结构合理、卫生设施先进，通风、采光、隔音情况良好等要素。

## 85. 乡村垃圾有哪些危害？

乡村（含集镇和自然村）垃圾是指在乡村生活、生产和其他活动中产生的丧失原有价值或者虽未丧失利用价值但被抛弃或者放弃的物品物质。主要包括农村生活垃圾、种植业废弃物、畜牧养殖废弃物、农村建筑固体废弃物等。不少地区农村垃圾随处堆放，垃圾围河围田围路现象突出，使农村的青山绿水逐渐丧失，影响生态环境，带来危害。

**（1）占用土地，破坏自然生态** 农村生活垃圾主要采取填埋、自然堆放等处理方法，越来越多的土地资源被侵占浪费掉，在破坏地表植被的同时也对农业生产、农村环境卫生和生态环境产生严重影响。

**（2）污染土壤，降低土壤肥力**　垃圾在长期堆放过程中产生渗滤液，渗滤液中的污染物质会污染土壤。大量难降解的塑料袋等白色垃圾会使土壤透气性和透水性发生改变，物理性质恶化。这些都严重影响农作物生长发育。

**（3）污染水体，污染大气**　农村用水以地表水和浅层地下水为主，垃圾渗出液的流入必然导致水体污染，必将给农村的生产和生活造成严重后果。农村垃圾堆放的有机物发酵产生的废气以及风扬颗粒也污染周围的大气环境。

**（4）危害乡村居民身体健康**　垃圾露天堆放，重金属、农药和病原体在堆放过程中，将会对周围的土壤和地下水产生污染，这些污染物将通过食物链富集到人体，从而间接地危害农民的身体健康。

# *86.* 如何处理乡村生活垃圾？

生活垃圾是乡村家庭垃圾的主要来源，大约 1/3 的农村生活垃圾（约 1 亿吨）随意堆放。生活垃圾处理方法直接影响居住环境，目前常用方法有卫生填埋、焚烧、堆肥等综合利用技术，也有蚯蚓堆肥法、太阳能—生物集成技术、气化熔融等处理新技术。填埋和焚烧是我国生活垃圾主要处理方式。

**（1）集中处理**　采用"村收集、乡镇运输、县区集中处理"的垃圾收集处理模式，统一收集运输、集中处理。每个村建垃圾收集箱，乡镇建垃圾中转站，再运到县级垃圾处理场集中处理，运行费用较高。

**（2）垃圾焚烧**　建小型焚烧炉，运行费用较小，简便易行，但资源浪费严重，小型焚烧炉直接排放，垃圾焚烧产生的二噁英等有害气体会对大气产生污染，危害人体健康。

**（3）堆肥处理** 就是将生活垃圾堆积成堆，保温发酵，借助垃圾中微生物分解能力，将有机物分解成无机养分。经过堆肥处理后，生活垃圾变成卫生、无味的腐殖质，作为有机肥料施入农田，既解决垃圾出路，又实现资源化利用。这是比较理想的生活垃圾处理方式。

# 87. 什么是面源污染源，农村面源污染源有哪些？

广义的面源污染指各种没有固定排污口的环境污染，狭义的面源污染通常限定于水环境的面源污染。通常指泥沙颗粒、农药、氮磷营养物质、大气颗粒物等通过地表径流、土壤侵蚀、农田排水等方式进入水、土壤或大气环境，又称非点源污染。农村面源污染是指农村生活和农业生产活动中，氮磷、农药、重金属、农村禽畜粪便与生活垃圾等有机或无机物质，在降水和径流冲刷作用下，通过农田地表径流、农田排水和地下渗漏，使大量污染物进入河流、湖泊等水体所引起的污染。农村面源污染主要有以下几个来源：

**（1）化肥农药** 化肥对农业生产贡献巨大，但肥料利用率低，农药年施用量大，但利用率也仅有 30% 左右。未被利用的化肥、农药通过径流、淋溶、反硝化、吸附和挥发等方式进入土壤、大气和地下水体，造成了地表水富营养化、大气和水体污染。

**（2）生活垃圾污水** 目前全国农村每天产生生活垃圾近100 万吨，排放生活污水 2 300 多万吨，这些垃圾和污水基本没有收集、处理，随意堆弃、排放，很多地区已成为面源污染的主要因素并呈加重趋势。

**（3）畜禽粪便** 经济发展和生活水平的提高使畜禽养殖业发展迅速，逐步向集约化、工厂化养殖发展。我国猪牛鸡等三大类畜禽粪便年总排放量在 30 亿吨左右，有相当一部分粪便、污水未经处理直接排入水体，成为严重污染源。

**（4）农作物秸秆废弃** 我国每年各类农作物秸秆约 7 亿吨，除部分还田、作饲料或燃料外，有部分秸秆采用就地堆放、焚烧处理，秸秆利用率低、浪费资源，引起环境污染。

**（5）农膜污染** 随着科技进步和农业快速发展，农用塑料特别是地膜使用量猛增，极大地推动了农业生产的发展，但农膜不易分解，农膜残片积留在农田中对土壤理化性质、对环境造成危害。

## 88. 面源污染的特点有哪些？

与点源污染相比，面源污染具有显著特点，表现为随机性、广泛性、滞后性、模糊性与潜伏性，研究和控制难度大。

**（1）分散性和隐蔽性** 污染物来源地理位置和边界难以确定，排放具有间歇性，有时候人的感官不能直接判断，需要借助分析化验，依据测试结果才能做出判断，时间较长，具有隐蔽性。

**（2）随机性和不确定性** 面源污染主要受水文循环过程（降雨以及降雨形成径流的过程）的影响和支配，而降雨径流具有随机性和不确定性，由此产生的面源污染在时空上都具有随机性和不确定性。

**（3）不易监测性和空间异质性** 面源污染的形成与土壤类型、农作物种类、气候条件、地质地貌等关系密切。这决定了面源污染监测、控制和处理困难复杂。如土壤流失强度取决于降雨强度、地形地貌、土地利用方式和植被覆盖率等。

## 89. 如何防控面源污染？

防控面源污染应通过源头控制和过程拦截两方面进行，利用政府补贴、生态补偿等经济手段鼓励农户和农业企业提高环保意识。

**（1）科学施用化肥和农药**　通过推广测土配方施肥技术、精准施肥技术，减少化肥用量、提高肥料利用率，减少养分流失对环境的污染。推广农作物病虫综合防治技术、精准施药技术、高效低毒低残留农药，开展以虫治虫、以菌治菌等生物防治，采取诱杀等农业防治措施，尽量减少农药使用量。

**（2）严格控制畜禽养殖污染**　大力推行生态养殖模式，鼓励对畜禽粪便实行综合利用，做到减量化、无害化、资源化。根据环境承受力控制养殖规模，设立禁养区、限养区和非限养区，对新建、改建养殖设施实施"三同时"和排污许可制度。

**（3）加强农业废弃物无害化处理**　因地制宜抓好农村生活污水和垃圾处理，建设必要的污水和垃圾处理设施，做到达标排放。积极发展规模化畜禽养殖场沼气工程，加快沼气发电、垃圾焚烧发电工程建设，采用好氧发酵工艺，利用固体粪便生产有机肥。

**（4）推进科技进步，加强宣传教育**　农业面源污染问题由来已久，加强农业面源污染科学研究，创新治理技术、培养和锻炼科技创新人才，为解决农业面源污染提供技术和人才保障。加强对农民的培训，使农民认识到农业面源污染的危害，提高环保意识。

**（5）加大资金投入，提供政策保障**　农业面源污染直接关系到人们身体健康甚至生命，政府要加大资金投入，保证重点工作的顺利进行。建立和完善监测体系，强化农业环境和产品质量的监测及完善法律法规，依法控制和减少农业面源污染。

# *90. 什么是大气污染？*

大气污染通常指大气中某些物质含量超过了环境允许的极限，破坏生态系统和人类正常生存发展条件，造成危害的大气状况。大气污染物来源于某些自然过程或人为活动，故可分为天然源和人为源两大类。火山爆发、森林火灾、地面尘暴等自然过程都会造成大气污染，但当今大气污染主要是由人类活动引起的，如现代工业发展大量燃烧煤炭、石油及天然气产生的大气污染。大气污染物按其存在状态可分为气溶胶状态污染物和气体状态污染物两大类。按形成过程分类则可分为一次污染物（直接从污染源排放的污染物质）和二次污染物（由一次污染物经过化学反应或光化学反应形成的物化性质完全不同的新污染物，毒性强于一次污染物）。

# *91.* 大气污染源有哪些？

大气污染物主要来自于天然源和人为源，以人为源为主要来源，尤其是工业生产和交通运输所造成工业废气、生活燃煤、汽车尾气等。

**（1）大气污染天然源** 火山喷发排放出 $H_2S$、$CO_2$、$CO$、$HF$、$SO_2$ 及火山灰等颗粒物；森林火灾排放出 $CO$、$CO_2$、$SO_2$、$NO_2$ 等；还有自然风沙、土壤颗粒、森林植物释放的萜烯类碳氢化合物、海浪飞沫硫酸盐与亚硫酸盐颗粒物等。

**（2）人为污染源** 煤石油、天然气等燃料燃烧产生大量烟尘，在燃烧过程中还会形成 $CO$、$CO_2$、$SO_2$、氮氧化物、有机化合物及烟尘等物质。石化企业排放 $H_2S$、$CO_2$、$SO_2$、氮氧化物，有色金属冶炼工业排放的 $SO_2$、氮氧化物及含重金属元素的烟尘等，汽车、船舶、飞机等排放的尾气，等等，是造成大气污染的主要来源，内燃机燃烧排放的废气中含有 $CO$、氮氧化物、碳氢化合物、含氧有机化合物、硫氧化物和铅的化合物等物质。农田用药时一部分农药会以粉尘等颗粒物形式逸散到大气中，残留在作物体上或黏附在作物表面的仍可挥发到大气中；进入大气的农药可以被悬浮的颗粒物吸收，并随气流向各地输送，造成大气农药污染。秸秆焚烧也会造成大气污染。

# 92. 大气污染物主要有哪几种？

**（1）固体颗粒** 主要有粉尘、烟液滴、雾、降尘、飘尘、悬浮物等。悬浮在空气中，空气动力学当量直径在 100 微米以下的颗粒物为总悬浮颗粒物（TSP），直径小于或等于 2.5 微米为 PM2.5 颗粒物。

**（2）硫氧化合物** 主要指 $SO_2$ 和 $SO_3$。$SO_2$ 无色、有刺激性气味，本身毒性不大，易被氧化成 $SO_3$，与水分子结合形成硫酸分子，形成硫酸气溶胶，同时发生化学反应形成硫酸盐。硫酸和硫酸盐可以形成硫酸烟雾和酸雨，造成较大危害。大气 $SO_2$ 主要源于含硫燃料的燃烧过程，硫化矿物冶炼、火力发电厂、有色金属冶炼和所有烧煤或油的工业锅炉、炉灶排放等。

**（3）氮氧化物** 氮氧化物种类多（如 NO、$NO_2$、$N_2O$、$NO_3$、$N_2O_4$、$N_2O_5$），造成大气污染的氮氧化物是 NO 和 $NO_2$。主要来自于燃料燃烧过程，其中 2/3 来自于汽车等流动源的排放。大气中的 $NO_x$ 最终转化为硝酸和硝酸盐微粒，经湿沉降和干沉降从大气中去除。

**（4）碳氧化物** 化石燃料不完全燃烧时产生一氧化碳（CO），$80\%$ 由汽车排出，森林火灾、农业废弃物焚烧亦产生 CO。天然源来自甲烷转化、海水 CO 挥发、植物叶绿素的光解等。二氧化碳为无毒气体，可引发全球性环境演变，成为大气污染的关注点。

**（5）碳氢化合物** 分为甲烷和非甲烷烃两类，通常是指 C1～C8 可挥发的所有碳氢化合物，是形成光化学烟雾的前体物。甲烷是在光化学反应中呈惰性的无害烃，非甲烷烃主要是萜烯类化合物（植物排放量占 $65\%$）；非甲烷烃的人为源主要是汽油燃烧、焚烧、溶剂蒸发、石油蒸发和运输损耗、废弃物提炼。

**（6）含卤素化合物** 分为卤代烃、氟化物及其他含氯化合物三类。三氯甲烷、氯乙烷、四氯化碳等是重要化学溶剂，有机合成工业的重要原料和中间体，在生产使用中挥发进入大气。主要来自于化工厂、塑料厂、自来水厂、盐酸制造厂、炼铝厂、炼钢厂、玻璃厂、磷肥厂、废水焚烧等。

# *93.* 大气污染有哪些危害？

**(1) 危害人体健康** 大气污染对人体的影响，首先是感觉上不舒服，随后生理上出现可逆性反应，再进一步就出现急性危害症状。大气污染对人的危害大致可分为急性中毒、慢性中毒、致癌三种。

**(2) 危害工农业生产** 大气污染对工农业生产危害严重，影响经济发展，造成大量人力、物力和财力的损失。大气污染物危害工业表现为一是大气酸性污染物对工业材料、设备和建筑设施的腐蚀；二是飘尘增多给精密仪器、设备的生产、安装调试和使用带来的不利影响。酸雨可以直接影响植物的正常生长，通过渗入土壤及进入水体，引起土壤和水体酸化、有毒成分溶出，从而对动植物和水生生物产生毒害。

**(3) 危害气候环境** 颗粒物使大气能见度降低，减少太阳光辐射量。高层大气中的氮氧化物、碳氢化合物和氟氯烃类等污染物使臭氧大量分解，引发"臭氧空洞"问题。大气二氧化碳浓度升高引发的温室效应给人类生态环境带来许多不利影响。

**(4) 危害植物生长** 大气污染物主要通过气孔进入叶片并溶解在叶肉组织中，通过一系列的生物化学反应对植物生理代谢活动产生不利影响，导致植物叶片出现受害症状。污染物不同，植物受害症状差异较大。

# *94.* 如何防控大气污染？

大气污染防控应该从源头抓起，治理污染源是防控大气污染危害的根本措施。

**（1）控制污染源** 合理布局工农业生产，加快调整能源结构，推广使用清洁能源。改革生产工艺，对废气进行回收处理，综合利用。健全国家监察、地方监管、单位负责的环境监管体制，完善大气污染物排放标准。

**（2）绿化造林** 植物可以过滤各种有毒有害大气污染物、净化空气。绿色植物可以调节空气中的氧气和二氧化碳，吸收大气中的有毒成分，有些植物还具有杀菌作用。因此，加强植物绿化，既可美化环境，又能调节气候，阻挡、滤除和吸附灰尘，吸收大气中的有害气体。

# 95. "气十条" 内容有哪些？

2013 年 6 月 14 日，国务院召开常务会议，确定了大气污染防治十条措施。

（1）减少污染物排放，全面整治燃煤小锅炉，加快重点行业脱硫脱硝除尘改造。整治城市扬尘。提升燃油品质，限期淘汰黄标车。

（2）严控高耗能、高污染行业新增产能，提前一年完成钢铁、水泥、电解铝、平板玻璃等重点行业"十二五"落后产能淘汰任务。

（3）大力推行清洁生产，重点行业主要大气污染物排放强度到 2017 年底下降 30％ 以上。大力发展公共交通。

（4）加快调整能源结构，加大天然气、煤制甲烷等清洁能源供应。

（5）强化节能环保指标约束，对未通过能评、环评的项目，不得批准开工建设，不得提供土地，不得提供贷款支持，不得供电供水。

（6）推行激励与约束并举的节能减排新机制，加大排污费征收力度。加大对大气污染防治的信贷支持。加强国际合作，大力培育环保、新能源产业。

（7）用法律、标准倒逼产业转型升级。制定、修订重点行业排放标准，建议修订大气污染防治法等法律。强制公开重污染行业企业环境信息。公布重点城市空气质量排名。加大违法行为处罚力度。

（8）建立环渤海包括京津冀、长三角、珠三角等区域联防联控机制，加强人口密集地区和重点大城市 PM2.5 治理，构建对各省（自治区、直辖市）的大气环境整治目标责任考核体系。

（9）将重污染天气纳入地方政府突发事件应急管理，根据污染等级及时采取重污染企业限产限排、机动车限行等措施。

（10）树立全社会"同呼吸、共奋斗"的行为准则，地方政府对当地空气质量负总责，落实企业治污主体责任，国务院有关部门协调联动，倡导节约、绿色消费方式和生活习惯，动员全民参与环境保护和监督。

# *96.* 什么是水体污染？

水体污染是指由于人类活动或自然因素产生的污染物进入水体，导致水体理化及生物学等性质改变，引起水质恶化、利用价值降低或丧失，甚至危及人体健康、破坏生态环境的现象。水体具有自净能力，污染物少时，可以通过自身的物理、化学和生物学反应，使污染物浓度逐渐降低，以恢复污染前的水平。但当进入水体的污染物质超过了水体的环境容量或水体自净能力，水质变坏，水体原有价值和作用丧失，造成水体污染。

造成水体污染原因有人为因素（主要是工业排放的废水、生活污水、农田排水、大气污染物及地表垃圾经降雨淋洗流入水体的污染物等）和自然因素（诸如岩石风化水解，火山喷发、水流冲蚀地面、大气降尘淋洗等）两类。由于人为因素造成的水体污染占大多数，因此通常所说的水体污染主要是人为因素造成的污染。

# 97. 水体污染物主要有哪几种？

进入水体后使水体组成和性质发生变化，引起水质恶化、利用价值降低或丧失的物质，称之为水体污染物。常见水体污染物主要有以下几类。

**（1）酸碱盐等无机物** 冶金、造纸、印染、炼油、农药等工业废水含有大量酸、碱、盐等无机物。水体 pH 小于 6.5 或大于 8.5 时，会使水生生物受到不良影响。水体含盐量增高，影响工农业及生活用水，灌溉农田会使土地盐碱化。

**（2）重金属** 重金属在矿山工厂生产过程中随废水排出，进入水体后不能被微生物降解，经食物链富集作用，能逐级在较高生物体内积累而进入人体。污染水体的重金属有汞、镉、铅、铬、钒、钴、钡等。汞的毒性最大，镉、铅、铬也有较大毒性。

**（3）耗氧物质** 生活污水和工业废水中含有碳水化合物、蛋白质、油脂、木质素等有机物质，经微生物的生物化学作用而分解。因分解过程中消耗氧气而被称为耗氧污染物。这类污染物造成水中溶解氧减少，影响鱼类和其他水生生物的生长。

**（4）植物营养物质** 生活污水和某些工业废水中常含有一定量的氮和磷等植物营养物质。这些磷和氮为水中微生物和藻类提供了营养，使得蓝绿藻和红藻迅速生长，其生长繁殖和腐败引起水中氧气大量减少导致鱼虾等水生生物死亡、水质恶化，被称为水体"富营养化"。

# 98. 水体污染源有哪些？

通常是指向水体排入污染物或对水体产生有害影响的场所、设备和装置。水体污染源按污染物的发生地，可分为工业污染源、生活污染源、农业污染源和天然污染源；按排放污染种类，可分为有机污染源、无机污染源、热污染源、噪声污染源、放射性污染源和混合污染源等；按排放污染物空间分布方式，可以分为点污染源（点源）和非点污染源（面源）。

**（1）工业生产废水**　工业生产过程中产生的废水和废液，其中含有工业生产用料、中间产物、副产品以及生产过程中产生的污染物。

**（2）城市生活污水**　排入下水管道系统的各种生活污水、工业废水和城市降雨径流的混合水。

**（3）农业污水**　农业生产过程中排出的、影响人体健康和环境质量的污水或液态物质。主要有农田径流、饲养场污水、农产品加工污水等。

**（4）固体废弃物有害物质**　人类生产生活产生的生活垃圾、农业废弃物和工业废渣，在一定时间和地点无法利用而被丢弃，经水溶解而流入水体。

此外，工业粉尘经直接降落或被雨水淋洗而流入水体，降雨和雨后的地表径流携带大气、土壤和城市地表的污染物进入水体，海水倒灌或渗透污染沿海地区地下水源或水体，天然的污染源影响水体本底含量等，也会引起水体污染。

# 99. 水体污染有哪些危害？

水是生命之源，是地球生命赖以生存的基本条件。水体污染对人体健康、工农业生产及生态系统等产生严重危害。

**（1）水体污染危害身体健康**　水在人体新陈代谢中起着非常重要的作用，时刻离不开水，水中某些污染元素会直接造成人体某些疾病的发生。

**（2）水体污染危害水中生物**　水中鱼虾类生物会因水体污染而无法生存，导致生态平衡破坏。另一方面，有些鱼类体中含有害物质，人食用后影响健康。

**（3）水污染影响工农业生产**  水是农业生产的命脉，污水会危害动植物生产，影响农产品品质。工业生产也离不开水，且对水的质量要求较高。

可见水体污染对人类的影响重大，会影响整个国家经济发展和国民健康。

# *100.* 水体污染防控措施有哪些？

**（1）减少和消除污染物排放的废水量**  采用先进工艺，减少甚至不排废水，降低有毒废水毒性；尽量采用重复用水及循环用水系统，使废水排放减至最少或将生产废水经适当处理后循环利用。

**（2）全面规划，合理布局，进行区域性综合治理**  制定区域规划、城市建设、工业区规划时都要考虑水体污染问题，对可能出现的水体污染，要采取预防措施。对水体污染源进行全面规划和综合治理，杜绝工业废水和城市污水任意排放，规定标准。

**（3）加强监测管理，制定法律和控制标准**  设立国家级、地方级的环境保护管理机构，执行有关环保法律和控制标准，协调和监督各部门和工厂保护环境、保护水源。颁布有关法规、制定保护水体、控制和管理水体污染的具体条例。

# *101.* "水十条"具体要求有哪些？

"水十条"亦称水污染防治行动计划，由环保部所属环境保护部环境规划院（中国环境规划院，CAEP）牵头编制，技术支持。2015年2月，中央政治局常务委员会会议审议通过《水十条》，4月16日发布关于印发水污染防治行动计划的通知。

**（1）全面控制污染物排放**  狠抓工业污染防治，实施清洁化改造。强化城镇生活污染治理，加快城镇污水处理设施建设与改造。推进农业农村污染防治，控制农业面源污染。加强船舶港口污染控制，积极治理船舶污染，增强港口码头污染防治能力。

**（2）推动经济结构转型升级** 调整产业结构，依法淘汰落后产能，严格环境准入。优化空间布局，充分考虑水资源、水环境承载能力，推动污染企业退出。加强工业水循环利用，促进再生水利用，推动海水利用。

**（3）着力节约保护水资源** 控制用水总量，健全取用水总量控制指标体系，严控地下水超采。提高用水效率，抓好工业节水，加强城镇节水，发展农业节水。科学保护水资源，加强江河湖库水量调度管理，科学确定生态流量。

**（4）强化科技支撑** 推广示范饮用水净化、节水、水污染治理及循环利用、城市雨水收集利用、再生水安全回用、水生态修复、畜禽养殖污染防治等适用技术。整合科技资源，攻关研发前瞻技术，加强国际交流合作。大力发展环保产业，规范环保产业市场，加快发展环保服务业。

**（5）充分发挥市场机制作用** 理顺价格税费，加快水价改革，完善收费政策，健全税收政策。促进多元融资，引导社会资本投入，增加政府资金投入。建立激励机制，推行绿色信贷。探索采取横向资金补助、对口援助、产业转移等方式，建立跨界水环境补偿机制，开展补偿试点。

**（6）严格环境执法监管** 完善法规标准，健全法律法规，完善标准体系。加大执法力度，完善国家督查、省级巡查、地市检查的环境监督执法机制，强化环保、公安、监察等部门和单位协作，健全行政执法与刑事司法衔接配合机制。严厉打击环境违法行为，提升监管水平。完善水环境监测网络，提高环境监管能力。

**（7）切实加强水环境管理** 强化环境质量目标管理，明确各类水体水质保护目标，逐一排查达标状况。深化污染物排放总量控制。严格环境风险控制，防范环境风险。稳妥处置突发水环境污染事件。全面推行排污许可，依法核发排污许可证，加强许可证管理。

（8）**全力保障水生态环境安全** 保障饮用水水源安全，强化饮用水水源环境保护，防治地下水污染。深化重点流域污染防治，加强良好水体保护。加强近岸海域环境保护，推进生态健康养殖，严格控制环境激素类化学品污染。整治城市黑臭水体。保护水和湿地生态系统，保护海洋生态。

（9）**明确和落实各方责任** 强化地方政府水环境保护责任，不断完善政策措施，加大资金投入，统筹城乡水污染治理。建立全国水污染防治工作协作机制，加强部门协调联动。落实排污单位主体责任，加强污染治理设施建设和运行管理，开展自行监测，落实治污减排、环境风险防范等责任。严格目标任务考核。分解落实目标任务，切实落实"一岗双责"。

（10）**强化公众参与和社会监督** 综合考虑水环境质量及达标情况等因素，依法公开环境信息。加强社会监督。为公众、社会组织提供水污染防治法规培训和咨询，邀请其全程参与重要环保执法行动和重大水污染事件调查。加强宣传教育，构建全民行动格局，树立"节水洁水，人人有责"的行为准则。

# *102.* 什么是土壤污染？

土壤是指陆地表面具有肥力、能够生长植物的疏松表层，它不仅为植物生长提供机械支撑，还为植物生长发育提供所必需的水、肥、气、热等肥力要素。土壤是人类最宝贵的自然资源。

人类活动或自然因素产生的污染物进入土壤后数量超过土壤的净化能力，在土壤中逐渐累积到一定程度，引起土壤质量恶化，导致生产、净化等功能失调或丧失的现象，称之为土壤污染。土壤因其自身特性，其污染危害大、隐蔽、持久，很难修复。

**(1) 土壤污染具有隐蔽性和滞后性** 大气污染、水污染和废弃物污染等问题一般可通过感官就能发现，而土壤污染往往要通过对土壤样品进行分析化验和农作物的残留检测，甚至研究对人畜健康状况才能确定。土壤污染从产生污染到出现问题通常会滞后较长的时间，土壤污染问题一般不易受到重视。

**(2) 土壤污染的累积性** 污染物质在大气和水体中容易迁移，土壤中污染物质并不像在大气和水体中那样容易扩散和稀释，易在土壤中不断积累而超标，使土壤污染具有很强的地域性。

**(3) 土壤污染具有不可逆转性** 重金属对土壤的污染基本上是一个不可转的过程，许多有机化学物质的污染也需要较长的时间才能降解，如某些重金属污染的土壤可能要 100～200 年时间才能够恢复。

**(4) 土壤污染难治理性** 大气和水体污染切断污染源后，通过稀释和自净化作用可能使污染问题不断逆转。但土壤污染物不能靠稀释作用和自净化作用来消除。土壤污染要靠换土、淋洗土壤等方法解决，其他治理技术见效较慢。治理污染土壤成本较高、周期较长。

# 103. 土壤污染物主要有哪几种？

凡是妨碍土壤正常功能，降低作物产量和质量，通过粮食、蔬菜、水果等间接影响人体健康的物质，都叫做土壤污染物。土壤污染物有下列四大类。

**(1) 无机污染物** 包括重金属（如汞、镉、铅、砷等）、非重金属有毒物质、其他酸碱盐类。

**(2) 有机污染物** 各种杀虫剂、杀菌剂、除草剂等化学农药、石油及其裂解产物、其他各类有机合成产物等。

**（3）物理污染物** 来自城市污泥、粉煤灰和工业垃圾等固体废弃物。

**（4）生物污染物** 带有各种病菌的城市垃圾、生活污水、有机废水、废物以及粪尿等。

# *104.* 土壤污染源有哪些？

根据污染物的来源不同，土壤污染源主要有以下五大来源：

**（1）水体污染源** 生活污水和工业废水中含有氮、磷、钾等养分，合理污水灌溉农田有增产效果。但污水中的重金属、酚、氰化物等有毒有害物质未经处理进入土壤会造成土壤污染。

**（2）大气污染源** 工业生产排出的有毒废气，如二氧化硫、氟化物、臭氧、氮氧化物、粉尘、烟尘等固体粒子及烟雾等液体粒子，通过沉降或降水进入土壤，造成污染。

**（3）农业污染源** 农药能防治病虫草害，使用得当可保证作物增产。喷施于作物体上的农药（粉剂、水剂、乳液等），除部分被植物吸收或逸入大气外，约有一半左右散落于农田，引起土壤污染。

**（4）生物污染源** 向农田施用垃圾、污泥、粪便、生活污水、未腐熟的有机肥等含有多种病原菌，处置不当可能使土壤受到病原菌等微生物的污染。

**（5）固体废弃物** 城市垃圾和工业废弃物是土壤的固体污染物。各种农用塑料薄膜管理、回收不善，大量残膜碎片散落田间，会造成农田白色污染。

# *105.* 土壤污染有哪些危害？

土壤污染直接导致土壤性质恶化、质量下降、功能丧失，影响农作物生长发育，导致产量降低和品质下降。污染物在土壤累积，一些毒性大的污染物（如汞、镉等）进入到作物果实中，人或牲畜食用后发生中毒。作物从土壤中吸收和积累的污染物常通过食物链传递，危害人体健康。

土壤紧密联系生物圈、大气圈和水圈，土壤污染会影响地下水、地表水、大气环境，造成其他环境污染。土壤污染物具有迁移性和滞留性，有可能造成新的土地污染，使本来就紧张的耕地资源更加短缺。土壤污染严重影响农业生产和人民生活，危及后代子孙的利益。

# 106. 土壤污染防控措施有哪些？

土壤污染防治应按照"预防为主"的环保方针，控制和消除土壤污染源，采取有效措施，清除土壤污染物，控制土壤污染物的迁移转化，改善农村生态环境，提高农作物产量和品质。

**（1）科学污水灌溉** 工业废水种类繁多，成分复杂，在利用废水农溉之前，应按照《农田灌溉水质标准》进行净化处理，既利用污水，又避免土壤污染。

**（2）合理使用农药** 控制化学农药用量、使用范围、喷施次数和喷施时间，提高喷洒技术。改进农药剂型，严格限制剧毒、高残留农药的使用，重视低毒、低残留农药的开发与生产。

**（3）科学施肥** 增施有机肥，提高土壤有机质含量，可增强土壤胶体对重金属和农药的吸附能力。根据土壤特性、作物需肥特点和肥料特性，合理施用化肥，做到有机无机配合施用。

**（4）施用化学改良剂** 针对土壤污染物种类，施加抑制剂改变污染物质在土壤中的迁移转化方向，减少作物的吸收，提高土壤的 pH，促使镉、汞、铜、锌等形成氢氧化物沉淀。种植有较强吸收力的植物，降低有毒物质的含量；或通过生物降解净化土壤。

# *107. "土十条"具体内容要求有哪些？*

"土十条"通指土壤污染防治行动计划，国务院 2016 年 5 月发布，提出我国到 2020 年土壤污染加重趋势得到初步遏制，土壤环境质量总体保持稳定；到 2030 年土壤环境风险得到全面管控；到 21 世纪中叶，土壤环境质量全面改善，生态系统实现良性循环。

（1）开展土壤污染调查，掌握土壤环境质量状况。建设土壤环境质量监测网络，提升土壤环境信息化管理水平。

（2）推进土壤污染防治立法，建立健全法规标准体系。建立土壤污染防治法律法规体系，全面强化监管执法。

（3）实施农用地分类管理，保障农业生产环境安全。切实加大保护力度，着力推进安全利用，全面落实严格管控，加强林地草地园地土壤环境管理。

（4）实施建设用地准入管理，防范人居环境风险。逐步建立污染地块名录及其开发利用的负面清单，落实监管责任，严格用地准入。

（5）强化未污染土壤保护，严控新增土壤污染。有序搬迁或依法关闭对土壤造成严重污染的现有企业。

（6）加强污染源监管，做好土壤污染预防工作。严控工矿污染，控制农业污染，减少生活污染。

（7）开展污染治理与修复，改善区域土壤环境质量。明确治理与修复主体，制定治理与修复规划，有序开展治理与修复，监督目标任务落实。

（8）加大科技研发力度，推动环境保护产业发展。加强土壤污染防治研究，加大适用技术推广力度，推动治理与修复产业发展。

（9）发挥政府主导作用，构建土壤环境治理体系。

（10）加强目标考核，严格责任追究。

# 108. 农药对环境产生哪些影响？

农药是指用于防治农业生产中的病虫草害及其他有害生物危害以调节植物生长的物质，是保证农作物高产的重要生产资料。人类生产活动直接或间接地向环境排放农药，农药或其有害代谢物、降解物破坏生态系统，对人类和生物安全产生不良影响，称之为农药污染。施用农药后，一部分附着于植物体渗入体内，使农产品受到污染；另一部分散落在土壤上（有时直接施于土壤中）或蒸发、散逸到空气中，或随雨水及农田排水流入河湖，污染大气和水体。农药及其降解产物对大气、水体和土壤造成不良影响，破坏生态系统，引起人和动、植物的急性或慢性中毒。

**（1）农药污染大气**　地面或飞机喷雾或喷粉施药、农药生产加工企业废气直接排放及残留农药的挥发等是大气农药污染源。空气的农药随大气运动而扩散，污染范围不断扩大。大气残留农药将发生迁移、降解、随雨水沉降等物理化学过程。

**（2）农药污染土壤**　施用杀虫剂、杀菌剂及除草剂等会引起土壤农药污染。施于土壤的化学农药，化学性质稳定，存留时间长，大量而持续使用农药，不断在土壤累积成为污染物质。农药通过农产品吸收富集进入食物链，对人体健康产生危害。

**（3）农药污染水体**　农田施用的农药随雨水或灌溉水向水体迁移、农药生产加工企业废水排放、大气残留农药随降雨进入水体等是水体农药污染来源。残留土壤中的农药则可通过渗透作用污染地下水。地表水体残留农药可发生挥发、迁移、光解、水解、水生生物代谢、吸收、富集和水域底泥吸附等物理化学过程。

**(4) 农药破坏生态系统** 在各种农业生产活动中无计划滥用农药,造成环境污染生态平衡破坏。农药滥用误杀了害虫天敌,杀伤了对人类无害的昆虫,影响了以昆虫为生的鸟、鱼、蛙等生物;导致害虫、病菌产生抗药性,改变了田间生物种类组成,给农业生产带来了一些新的问题。

# *109.* 如何防控农药污染?

**(1) 加强监测预警** 建立健全各级植保网络体系,提高病虫害测报准确率。采用先进监测仪器和数据采集设备,提高病虫灾害监测预警水平和防治指导公共服务能力。强化病虫预警和防治信息的发布与监管,充分利用电视、网络和手机等信息平台,及时指导农民适时防治病虫害。

**(2) 加快新农药、新药械、新技术的研发和推广** 严格控制高毒、高残留高污染农药生产和销售,不断筛选出高效、低毒、低残留农药、生物农药等对环境友好型农药。加快施药器械的更新换代,改进施药技术,提高农药利用率。加大绿色植保技术推广,综合应用包括农业、生态、物理等非化学防控技术,减少化学农药使用量。

**(3) 推进植保统防统治** 鼓励支持农民专业合作社、涉农企业和基层农技组织等开展多元化、社会化植保服务。开展植保专业化统防统治,积极探索统防统治整建制推进,优先扶持组织规范化、服务规模化、技术标准化的植保组织,扩大服务规模,提高服务能力。

**(4) 加强农药管理** 严格按照《中华人民共和国农药管理条例》等规定,加强农药生产、经营和使用的市场监管力度,推进农药管理的法制化和规范化,健全农药管理机构,加强人员培训,提高管理队伍水平等。

# 110. 乡村常见气象灾害有哪些？

中国自然灾害发生频繁、灾害种类多，造成损失严重。每年由于干旱、洪涝、台风、暴雨、冰雹等灾害危及生产、人民生命和财产安全，直接影响着社会和经济的发展。气象灾害占各类自然灾害总量的 70% 以上。我国每年有 4 亿人次受重大气象灾害影响，经济损失严重。

气象灾害是指大气运动和演变对人类生产生活、生命财产和国民经济建设等造成的直接或间接损失。如暴雨、冰雹、大风、冷害、高温、干旱、干热风等。气象灾害是自然灾害中最为频繁而又严重的灾害。一般来说，春季以倒春寒、大风等气象灾害居多，夏季多是暴雨、冰雹、高温、干旱等，秋季以霜冻、低温冷害等为主，冬季以寒潮、雪灾等居多。干旱一年四季都可发生。

# 111. 如何防御常见气象灾害？

**(1) 干旱的防御** 某一段持续的时期内，降水量比常规的显著偏少，如果这种情况使该地区按照常规年景安排的经济活动，尤其是农业生产受到缺水威胁时，则称为干旱现象或发生干旱。防御干旱的措施有种草种树改善农田小气候，搞好农田水利建设，合理调整农业布局，推广节水和减少蒸发新技术，积极提倡有机旱作农业等。

**(2) 雨涝的防御** 雨涝是由于某个时期雨水过多或强度过大，农田排水系统不良等而造成的一种水害。雨涝按引起的危害性质可分为洪涝（暴雨、长期连阴雨或冰雪大量融化）和渍涝（长期阴雨、低温寡照、土壤水分过饱和）两种。其防御措施有：兴修水利，健全排水系统；植树造林，减少地表径流；选择合适的种植制度和农业结构；做好水涝灾害的天气预报等。

（3）**低温灾害的防御** 作物在生长发育期间遇到较长期的气温偏低或有冷空气南下引起急剧降温而导致减产，给农业生产带来损失。降至 0 ℃或 0 ℃以下的低温灾害，称为霜冻或冻害；温度虽然还没有降至 0 ℃以下，但对某些作物已造成伤害，称为低温冷害或寒害。霜冻可采用熏烟法、灌溉法、覆盖法和农业技术进行防御；通过抢冷尾暖头进行播种、选育抗寒品种、推广薄膜育秧和工厂化育秧等方式预防春季阴雨低温；通过调整晚稻品种和播期、改善田间小气候、提高栽培管理技术、培育抗低温品种、早晚稻合理搭配等预防"寒露风"。

（4）**冰雹的防御** 通常冰雹的直径为 0.5～5 厘米，直径 3 厘米以上就能直接砸毁房屋、作物，伤害人畜。冰雹直径越大，危害越强。危害程度还与积雹深度，降雹的持续时间性、范围以及作物种类和所处生长期有关。可通过植树种草绿化荒山、秃岭，人工消雹，调整作物布局等措施防御冰雹危害。

（5）**台风的防御** 台风是发生在热带海洋上的暖性强气旋。中央气象台规定，中心附近最大风力 8～11 级（17.2～32.6 米/秒）称台风；最大风力 12 级以上（大于 32.7 米/秒）称强台风。其防御措施有：加强台风的监测和预报，营造农田防风林网，合理布局作物，选择抗风和矮秆品种等。

（6）**干热风的防御** 春夏之交，北方冷高压南下变性，出现温度高、湿度低，并伴有一定风速的天气，使小麦的开花授粉和灌浆受到阻碍，引起植株过早干枯，籽粒干瘪而减产，称为"火风""旱风"或"干热风"。通常采取营造农田防护林，适时灌溉，选育抗干热风小麦品种，喷洒化学药剂，运用综合农业技术措施等防御干热风的危害。

# *112.* 什么是生态农业？

生态农业一般指按照生态学和经济学原理，运用现代科学技术和管理手段，结合传统农业有效经验，能获得较高经济效益、生态效益和社会效益的现代化高效农业。生态农业以合理利用农业自然资源和保护良好的生态环境为前提，因地制宜地规划、组织和进行农业生产，把作物生产与林、牧、副、渔业，大农业与第二、三产业发展结合起来，利用传统农业经验和现代科技成果，通过人工设计生态工程，协调发展与环境之间、资源利用与保护之间的矛盾，形成经济、生态与社会效益有机统一，生态与经济良性循环。

# *113.* 生态农业的基本特点有哪些？

（1）**综合性** 以大农业为主体，按"整体、协调、循环、再生"的原则，全面规划，调整和优化农业结构，使农林牧副渔和农村一、二、三产业综合发展，各业互相支持，相得益彰，发挥农业生态系统的整体功能，提高综合生产能力。

（2）**高效性** 生态农业通过物质循环和能量多层次综合利用实现经济增值，实行废弃物资源化利用，降低农业成本，提高效益，为农村剩余劳动力创造农业内部就业机会，提高农民生产积极性。

（3）**多样性** 我国地域辽阔，各地资源条件、经济与社会发展水平差异较大，生态农业充分吸收我国传统农业精华，结合现代科学技术，以多种生态模式、生态工程和技术类型装备，使各区域都能因地制宜、扬长避短，充分发挥地区优势。

（4）**持续性** 发展生态农业对于保护和改善生态环境，维护生态平衡，固碳减排具有重要意义。能够把经济发展同生态环境保护紧密结合起来，最大限度地满足人们对农产品日益增长需求的同时，提高生态系统的稳定性和持续性，增强农业发展后劲。

# 114. 中国主要生态农业模式或技术体系有哪些？

为进一步促进生态农业的发展，农业农村部征集 370 种生态农业模式或技术体系，通过专家反复研讨，遴选出经过一定实践运行检验，具有代表性的十大类型生态模式，作为今后一个时期的重点任务加以推广。

（1）北方"四位一体"生态模式　利用可再生能源、大棚蔬菜、日光温室养猪及厕所等 4 个要素合理配置，建成以太阳能和沼气为能源，以沼渣和沼液为肥源，实现种植业、养殖业相结合的生态农业模式，资源得到高效利用，综合效益明显。

（2）南方"猪—沼—果"生态模式　以沼气为纽带，利用山地、农田、水面、庭院等资源，采用"沼气池—猪舍—厕所"三结合工程，因地制宜开展"三沼"综合利用，带动畜牧和林果等相关产业共同发展的生态农业模式，实现了农业资源高效利用、提高农产品质量、增加农民收入等目标。

（3）平原农林牧复合生态模式　依据生态学和经济学原理，充分利用土地资源和太阳能，以沼气为纽带，通过生物转换技术，将节能日光温室、沼气池、畜禽舍、蔬菜生产等有机地结合，形成产气积肥同步，种养并举，能源、物流良性循环的种养生态农业模式。

（4）草地生态恢复与持续利用生态模式　按照植被自然分布规律、草地生态系统物质循环和能量流动基本原理，运用现代技术，因地制宜实施减牧还草、退耕还草、种草养畜等恢复草地植被，提高草地生产力，充分利用秸秆资源，改善生态和生产环境，增加农牧民收入，促进草地畜牧业可持续发展。

（5）生态种植模式　根据作物生长发育特点，将传统农业的间、套等种植方式与现代高产品种、科学施肥、植物保护、土壤培肥等农业科学技术相结合，充分利用光、热、水、肥、气等自然资源、生物资源，获得较高产量和经济效益。

(6) **生态畜牧业生产模式**　根据生态学和生态经济学原理，在畜牧业生产过程中饲料及饲料生产、养殖及生物环境控制、废弃物综合利用及畜牧业粪便循环利用等环节能够实现清洁生产，从而达到保护环境、资源永续利用和优质、生产无污染和健康的农畜产品。

(7) **生态渔业模式**　遵循生态学原理，按生态规律，采用现代生物技术和工程技术进行多品种综合养殖，利用生物间的互相依存和竞争关系，合理搭配养殖品种与数量，合理利用水域、饲料资源，协调生存，保持各种水生生物种群的动态平衡和食物链网结构合理的一种渔业生产模式。

(8) **丘陵山区小流域综合治理模式**　根据丘陵山区地貌变化大、生态系统类型复杂、自然物产种类丰富的特点，因地制宜发挥生态资源优势，发展农林、农牧或林牧综合性特色生态农业。如"围山转"、生态经济沟、生态果园模式等。

(9) **设施生态农业模式**　在设施工程基础上，通过有机肥料与化学肥料配合施用、以生物防治和物理防治结合进行病虫害防治、以动植物的共生互补良性循环、水肥一体化等技术构成的新型高效生态农业模式。

(10) **观光生态农业模式**　以生态农业为基础，强化农业的观光、休闲、教育和自然等多功能特征，形成具有第三产业特征的农业生产经营形式，包括高科技生态农业园、生态农庄、生态农业公园和生态观光村等模式。

# 参 考 文 献

安顺毛尖．耕地与生态的作用［EB/OL］. https：//wenku. baidu. com/
　view/4c817a1202d276a201292e40. html.

本刊记者 . 2016. 探索实行耕地轮作休耕制度试点促进资源永续利用和农业
　可持续发展——农业部副部长余欣荣就《探索实行耕地轮作休耕制度试
　点方案》答记者问［J］. 农村工作通讯（7）：34 - 36.

蔡玲，安运华 . 2017. 美丽乡村建设中乡村空间布局规划研究［J］. 长江大
　学学报：自科版（22）：26 - 27.

陈晶中，陈杰，谢学俭，等 . 2003. 土壤污染及其环境效应［J］. 土壤，
　35（4）：298 - 303.

陈荣蓉，叶公强，杨朝现，等 . 2009. 村级土地利用规划编制［J］. 中国土
　地科学，23（3）：32 - 36.

陈英瑾 . 2012. 乡村景观特征评估与规划［D］. 北京：清华大学 .

陈煜初，赵勋，沈燕 . 2015. 乡村植物概念的提出及其应用［J］. 园林（6）：
　36 - 40.

单美，王静，王训，等 . 2011. 新农村建设村级土地利用规划研究进展［J］.
　地理与地理信息科学，27（2）：76 - 79.

丁奇，聂紫阳 . 2017. 乡土保护视角下乡村民宿空间的营造策略——以浙江
　省传统村落民宿为例［J］. 遗产与保护研究（6）.

樊亚明，刘慧 . 2016. "景村融合"理念下的美丽乡村规划设计路径［J］.
　规划师，32（4）：97 - 100.

范建红，魏成，李松志 . 2009. 乡村景观的概念内涵与发展研究［J］. 热带
　地理，29（3）：285 - 289.

范绍磊 . 2014. 美丽乡村视角下的乡村空间布局研究［D］. 济南：山东建筑
　大学 .

傅英斌 . 2016. 聚水而乐：基于生态示范的乡村公共空间修复——广州莲麻
　村生态雨水花园设计［J］. 建筑学报（8）：101 - 103.

傅英斌，张浩然 . 2017. 从场地到场所——环境教育主题儿童乐园乙未园设

计［J］. 风景园林（3）：66 - 72.

高云才. 轮作休耕补助到户，农民改种不吃亏［N］. 人民日报，2018 - 02 -
27：02 版.

国土资源部办公厅.《关于印发村土地利用规划编制技术导则的通知》（国
土资厅发〔2017〕26 号）.

国土资源部.《城乡建设用地增减挂钩试点管理办法》（国土资发〔2008〕
138 号）.

国土资源部　国家发展改革委.《关于深入推进农业供给侧结构性改革做
好农村产业融合发展用地保障的通知》（国土资规〔2017〕12 号）.

国土资源部，农业部.《关于进一步支持设施农业健康发展的通知》（国土
资发〔2014〕127 号）.

国土资源部，中央编办，财政部等.《关于印发〈自然资源统一确权登记
办法（试行）〉的通知》（国土资发〔2016〕192 号）.

国土资源部，住房和城乡建设部，国家旅游局.《关于支持旅游业发展用
地政策的意见》（国土资规〔2015〕10 号）.

国务院办公厅.《关于推进农村一二三产业融合发展的指导意见》（国办发
〔2015〕93 号）.

洪登华，戴继勇，云振宇，等. 2016. 美丽乡村视角下农村生活基础设施标
准体系构建探析［J］. 标准科学（5）：52 - 55.

黄云. 2010. 农业资源利用与管理：2 版［M］. 北京：中国林业出版社.

解晓丽. 2015. 乡村景观中农业景观的探索研究［D］. 苏州：苏州大学.

金绍兵，王小春，魏应乐，等. 2014. 看得见水——徽州古村落经验与美丽
乡村规划［J］. 安徽建筑大学学报，22（2）：122 - 126.

李亮. 2016. 国内乡村民宿发展存在的问题与对策［J］. 科技视界
（22）：140.

李士太，孟东生. 2007. 北方平原地区乡村景观规划设计探析［J］. 山西建
筑，33（4）：18 - 19.

李旺君，王雷. 2009. 城乡建设用地增减挂钩的利弊分析［J］. 国土资源情
报（4）：34 - 37.

李振鹏. 2004. 乡村景观分类的方法研究［D］. 北京：中国农业大学.

林箐. 2016. 乡村景观的价值与可持续发展途径［J］. 风景园林（8）：27 - 37.

刘滨谊，陈威. 2000. 中国乡村景观园林初探［J］. 城市规划学刊（6）：66 - 68.

刘婵.2016.论美丽乡村基础设施工程系统规划［J］.建筑工程技术与设计（20）.

刘黎明,李振鹏,张虹波.2004.试论我国乡村景观的特点及乡村景观规划的目标和内容［J］.生态环境学报,13（3）：445－448.

刘琼阳,高强,姜薇.2015.宜居乡村基础设施及生态建设规划以葫芦岛市连山区宜居示范乡规划建设为例［J］.城市建设理论研究：电子版（17）.

刘新卫.2015.构建国土综合整治政策体系的思考［J］.中国土地（11）：43－45.

刘新卫.土地整治为乡村振兴注入新活力［N］.中国国土资源报.2017－11－23.

刘毅,毕凌岚,钟毅,等.2016.乡村公共空间的衰败与再塑研究——以彭州九尺镇金鼓村为例［J］.华中建筑（12）：89－93.

龙花楼.2013.论土地整治与乡村空间重构［J］.地理学报,68（8）：1019－1028.

陆红生,2015.土地管理学总论.6版［M］.北京：中国农业出版社：200－207.

吕峥.2008.中国耕地生态价值与保护问题研究——以环境与资源保护法学为视角［J］.当代经济月刊（3）：38－39.

马国霞.2012.城市近郊休闲度假区的乡村农业景观研究［D］.西安：西安建筑科技大学.

孟凡浩.2017.杭州富阳东梓关回迁农居［J］.城市建筑（10）：114－121.

倪云.2013.美丽乡村建设背景下杭州地区乡村庭院景观设计研究［D］.杭州：浙江农林大学.

农业部,国家发展改革委,国土资源部等.《关于积极开发农业多种功能大力促进休闲农业发展的通知》（农加发〔2015〕5号）.

农业部,中央农办,发展改革委等.《关于印发探索实行耕地轮作休耕制度试点方案的通知》（2016年）.

邵剑杰,黄淑娟,李先富.2014."美丽乡村"建设背景下的乡村景观规划设计方法研究——以桂林市阳朔县新寨村景观规划设计为例［J］.住宅科技,34（1）：39－43.

邵如风,郑皓.2016.乡村肌理维育视角下的乡村公共空间规划研究［J］.

城市建筑（8）：349-350.

沈正虹.2016.乡村景观营造中乡土植物的应用与配置模式［J］.现代园艺
（8）：118-119.

湿地的主要功能［EB/OL］.https://wenku.baidu.com/view/2c699f07a6c30c2259019e79.
html.

史秋萍.2016.乡土树种在美丽乡村建设中的应用［J］.现代园艺
（14）：131.

水雁飞，苏亦奇，马圆融.2017.大乐之野庾村民宿［J］.建筑学报（11）：
44-48.

孙祯华，林晓东.2017.基于地域自然环境的乡村民宿建筑设计研究［J］.
住宅与房地产（5X）.

汤怀志.2017.耕地生态功能管理不可缺失［J］.中国土地（7）：12-14.

田锟智.2016.美丽乡村建设背景下乡村景观规划分析［J］.中国农业资源
与区划，37（9）：229-232.

王春程，孔燕，李广斌.2014.乡村公共空间演变特征及驱动机制研究［J］.
现代城市研究（4）：4-9.

王东，王勇，李广斌，等.2013.功能与形式视角下的乡村公共空间演变及
其特征研究［J］.国际城市规划，28（2）.

王鹏.2017.社区营造视野下的乡村公共空间设计研究［D］.重庆：重庆
大学.

王群，张颖，王万茂.2010.关于村级土地利用规划编制基本问题的探讨
［J］.中国土地科学，24（3）：19-24.

王荣华，赵警卫.2016.乡村景观美景度评价及其决定要素［J］.山东农业
大学学报（自然科学版），47（2）：231-235.

王小雨，李婷婷，王崑.2012.基于乡村景观意象的休闲农庄景观规划设计
研究［J］.中国农学通报，28（7）：297-301.

王艳.2007.农业景观规划设计理论与应用研究［D］.成都：四川大学.

王仰麟，韩荡.2000.农业景观的生态规划与设计［J］.应用生态学报，
11（2）：265-269.

王宜伦，张倩，刘举，等.2011.沼气肥在农作物上的应用现状与展望[J].
南方农业学报，42（11）：1365-1370.

王宇，欧名豪.2006.耕地生态价值与保护研究［J］.国土资源科技管理，

23（1）：104－108.

王云才，刘滨谊 . 2003. 论中国乡村景观及乡村景观规划 [J]. 中国园林，19（1）：55－58.

王振波，方创琳，王婧 . 2012. 城乡建设用地增减挂钩政策观察与思考 [J]. 中国人口·资源与环境，22（1）：96－102.

无人机飞行员 . 森林的六大生态功能 [EB/OL]. https：//baijiahao. baidu. com/s? id=1562459863490256&wfr=spider&for=pc

吴敏，张智惠 . 2017. "田园综合体"共生发展模式研究 [J]. 合肥工业大学学报：社会科学版，31（6）.

谢超 . 2017. 基于时代性与地方性的乡村居住空间形态及营建策略探讨——以湖北三个乡村的营建为例 [J]. 南方建筑（4）：86－91.

谢花林，刘黎明，李蕾 . 2003. 乡村景观规划设计的相关问题探讨 [J]. 中国园林，19（3）：39－41.

徐文辉，唐立舟 . 2016. 美丽乡村规划建设"四宜"策略研究 [J]. 中国园林，32（9）：20－23.

严嘉伟 . 2015. 基于乡土记忆的乡村公共空间营建策略研究与实践 [D]. 杭州：浙江大学 .

严力蛟 . 2003. 中国生态农业 [M]. 北京：气象出版社 .

严力蛟，蒋海军 . 2015. 关于美丽乡村规划和建设的思考 [J]. 新农村（12）：5－6.

杨蒙蒙 . 2009. 武汉城市圈乡村聚落景观规划研究 [D]. 武汉：华中农业大学 .

杨知洁 . 2009. 上海乡村聚落景观的调查分析与评价研究 [D]. 上海：上海交通大学 .

姚丽 . 2017. 土地政策如何支持农村新业态发展 [J]. 中国土地（1）：19－23.

于倩倩 . 2014. "两型社会"乡村基础设施建设指标体系研究 [D]. 武汉：华中科技大学 .

俞斌 . 2017. 城乡规划设计中的美丽乡村规划研究 [J]. 建筑工程技术与设计（20）.

翟健，王竹 . 2016. 精品乡村民宿的生态系统营建研究 [J]. 建筑与文化（8）：77－79.

张保华，谷艳芳，丁圣彦，等 . 2007. 农业景观格局演变及其生态效应研究进展［J］.地理科学进展，26（1）：114-122.

张群，成辉，梁锐，等.2015.乡村建筑更新的理论研究与实践［J］.新建筑（1）.

张宇翔.2013.美丽乡村规划设计实践研究［J］.小城镇建设（7）：48-51.

张玉龙.2004.农业环境保护：2版［M］.北京：中国农业出版社.

张运兴，李汉春.2008.河南乡土树种在新农村建设中的应用［J］.安徽农学通报，14（9）：142-143.

赵其国，滕应，黄国勤.2017.中国探索实行耕地轮作休耕制度试点问题的战略思考［J］.生态环境学报，26（1）：1-5.

赵同谦，欧阳志云，郑华，等.2004.草地生态系统服务功能分析及其评价指标体系［J］.生态学杂志，23（6）：155-160.

郑伟.2014.浅谈我国乡村绿化树种的选择与应用［J］.农业与技术（4）：156-157.

中共中央办公厅　国务院办公厅.《关于完善农村土地所有权承包权经营权分置办法的意见》（2016年）.

中共中央 国务院.关于打赢脱贫攻坚战的决定（2015年）.

中国共产党第十九次全国代表大会报告（2017年）.

《中华人民共和国草原法》（2013年修改）.

《中华人民共和国环境保护法》（2014年修订）.

《中华人民共和国环境影响评价法》（2016年修订）.

《中华人民共和国森林法》（1998年修改）.

《中华人民共和国水法》（2016年修订）.

《中华人民共和国土地管理法》（2004年修改）.

《中华人民共和国物权法》（2007年）.

《中华人民共和国宪法》（2018年修正案）.

**图书在版编目（CIP）数据**

乡村振兴战略．生态宜居篇／王宜伦主编．—北京：
中国农业出版社，2018.12（2019.11重印）
（乡村振兴知识百问系列丛书）
ISBN 978 - 7 - 109 - 24888 - 5

Ⅰ.①乡…　Ⅱ.①王…　Ⅲ.①农村生态环境-生态环
境建设-中国-问题解答　Ⅳ.①S②F323.22 - 44

中国版本图书馆 CIP 数据核字（2018）第 260384 号

中国农业出版社出版
（北京市朝阳区麦子店街 18 号楼）
（邮政编码 100125）
责任编辑　郭银巧　杨天桥

———————————————

北京通州皇家印刷厂印刷　新华书店北京发行所发行
2018 年 12 月第 1 版　2019 年 11 月北京第 2 次印刷

———————————————

开本：850mm×1168mm 1/32　印张：4
字数：100 千字
定价：22.80 元
（凡本版图书出现印刷、装订错误，请向出版社发行部调换）